よくわかる データ 転送技術

中山　悠 ［著］

森北出版

まえがき

　IoT（Internet of Things）は，情報通信技術の進展と併せて，近年急速にその重要性を増している概念です．IoT とは，文字どおり「モノのインターネット」という意味であり，日常生活における様々なデバイスや機器がインターネットに接続され，相互に通信することを指します．この技術の進化により，従来は情報通信の対象とはならなかったような「モノ」や「機器」が，データの発信源として，また受信端末として機能するようになりました．この背景には，センサ技術の進化や無線通信の普及，さらにはコストの低減などが挙げられます．センサは，環境の変化や物体の動きといった情報を電子的に検知し，そのデータをほかのデバイスやクラウドサービスに送信することが可能となっています．たとえば，家庭内の家電などがクラウドサーバと通信を行い，遠隔操作や自動的な設定変更が行われるようになるなど，私たちの生活をより便利にしてくれています．IoT の適用範囲は非常に広く，個人の日常生活の中だけでなく，産業界や公共分野においても多大な影響を及ぼしています．たとえば，工場における製造ラインでは，機械どうしが連携して動作し，生産効率や品質管理の向上が図られています．また，都市インフラの分野では，IoT 技術を利用したスマートシティの構築が進められています．また，交通渋滞の緩和やエネルギーの最適な供給方法の確立など，様々な問題解決に役立てられています．

　一方で，IoT の普及とともに，セキュリティに関する問題なども顕在化してきています．多くのデバイスがインターネットに接続されることで，これらのデバイスがサイバー攻撃の標的となりやすくなっています．とくに，適切なセキュリティ対策が施されていないデバイスは攻撃を受けやすく，また，攻撃の入口として，ほかのシステムやネットワークへの侵入経路となる危険性もあります．そのため，IoT システムの設計・開発段階から，適切にセキュリティを確保することが求められます．加えて，IoT がもたらすデータの大量収集には，プライバシーの問題も伴います．日常生活における多くの行動や状況がデータとして記録・蓄積されるため，個人の情報が不適切に利用されるリスクが増加しています．このような背景から，データの取扱いや利用に関する法的な枠組みやガイドラインの整備が各国で進められています．今後，IoT はさらに進化し，その適用範囲は拡大していくと予想されます．

技術の進歩とともに，新たなアプリケーション創出が期待される一方で，適切にシステムを設計・構築・運用する重要性が増していきます．

IoT では一般的に，取得 → 転送 → 処理 → 利用というデータの流れが存在します．取得したデータを転送するというステップに着目した場合，利用可能な技術やプロトコルは非常に多く存在します．ただし，デバイスの種類や取得するデータの特性，利用される環境，アプリケーション側の要求などに応じて，適切な技術を用いる必要があるのです．本書では，IoT のデータ転送技術について，考慮すべき事項やプロトコルスタックを整理しながら解説し，IoT をシステムとして作る際の指針となることを目指します．IoT 関連の書籍は多く出版されていますが，内容的には，ほとんどが広く浅い入門書か特定用途向けのマニュアルに近い書籍のどちらかです．すなわち，入門書の次のステップとなるような，汎用的な解説書は少ないようです．そこで本書では，広く浅い入門書の次のステップとして，IoT のデータ転送技術を体系的に解説していきます．

近年，機器どうしをつなぐコンピュータネットワークの発展は目覚ましいものがあります．ここで取り上げる「コンピュータ」とは，一般的には（電子）計算機とも称され，何らかの制御部，計算部（プロセッサ），保存部（メモリ），そして入出力部をもつ装置のことを示します．これには，データセンタに置かれる大型サーバや，PC とよばれるデスクトップやラップトップのような機器だけでなく，スマートフォンやタブレットなどの携帯情報端末や，スマートウォッチなどのウェアラブルデバイス，あるいは Raspberry Pi（ラズパイ）や Arduino といったマイクロコンピュータ（マイコン）も含まれます．さらに，IoT では多様なセンサや家電，車両も「コンピュータ」としての特性をもち，通信が行われています．このように，現在では多岐にわたるデバイスが相互に接続されるようになっているのです．

コンピュータネットワークとは，このような（広義の）コンピュータを結ぶシステムのことです（図 0.1）．これは，一つのコンピュータと別のコンピュータが，ケーブルや光ファイバ，電波によって物理的にリンクされることで形成されます．インターネットは，各地に展開されたコンピュータネットワークを連結した，広範囲にわたる分散型ネットワークで，その代表例として知られます．インターネットの始まり以来，相互に接続されるコンピュータの数は増加の一途をたどっており，現在では，孤立して機能する機器やシステムは少数派で，デバイス間の通信をベースとしたシステムが主流となっています．簡単にいうと，すべてのタスクをこなす万能のコンピュータは実在せず，多くのデバイスが協力し，必要な機能を提供している

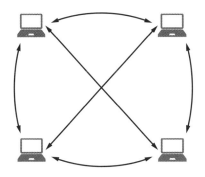

図 0.1　コンピュータネットワーク

のです．システムの高機能化，データの種類や量の劇的な増加，計算資源の制約や最適化など，様々な要因がこのトレンドを促進しています．この動向の中で，多くのコンピュータを結ぶネットワークの技術は，現代のコンピュータシステムの基盤となる技術といえるでしょう．

　コンピュータ群が連動して動作するコンセプトとして，IoT の中には Internet of Everything（IoE）のような派生的な言葉が存在します．また現代では当たり前になっているクラウドコンピューティングや，「スマート××」という形式で名づけられるスマートホームやスマートシティなどの言葉が，多数見受けられます．「ユビキタスコンピューティング」という，現在では使用頻度の低い言葉も，元来はコンピュータが至るところにある状況を示す用語であり，いまやこれが日常の光景となっているともいえます．ほかにも，ブロックチェーンを土台にもつ Web3 のように，次々と新しい（バズ）ワードやトレンドが出現していますが，これらのベースにはコンピュータ間のネットワーキングがあります．実際，実装方法や利用シーン，具体的なサービスや事業的なアプローチが多岐にわたって提案されるものの，コンピュータネットワークが核心技術として位置づけられていることは共通しています．進展が顕著な AI 技術など，純粋にデジタルであると考えられる技術でも，利用者とのインタラクションをとるための具体的なデバイスが存在し，その裏側のシステムには多くのコンピュータが稼働しています（図 0.2）．現実の世界から収集される膨大なビッグデータを取り扱い，深層学習などのデータ解析を行い，その解析結果に基づいてフィードバックを返すための基礎となるのが，このネットワーク技術です．とくに，迅速な反応を求められるサービスにおいては，ネットワークとしての設計や実装が不可欠です．

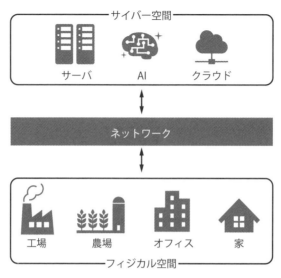

図 0.2　フィジカルなデバイスとネットワーク

　では，そのために必要なネットワーク技術の理解とは，どのようなものでしょうか．大まかには，コンピュータが相互に接続されることによって形成されるものをコンピュータネットワークと称し，これが多くのコンピュータで構築された広大なネットワークはインターネットとよばれる，という程度で十分ですが，その具体的な実態を理解することは，じつは少々難易度が高いと感じられることもあります(図0.3)．この難しさの原因の一部は，ネットワークが基本的には目に見えないもので

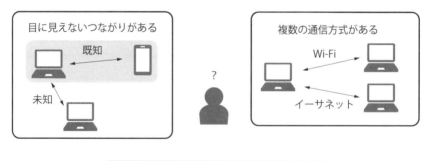

図 0.3　ネットワークの理解の難しさ

ある，という性質をもっていることです．小規模なローカルネットワークであればまだしも，とくにインターネットのような巨大なネットワークには数多くのデバイスが参加しており，結果として全体の理解が難しい，あるいはほぼ不可能といっても過言ではありません．さらに，通信手段として有線や無線の選択肢があり，また無線の中でも LTE や Wi-Fi，Bluetooth などといった多岐にわたる通信規格が存在しています．そして，ネットワークの機能を実現するための TCP/IP などのプロトコルも種々存在し，似ているが異なるプロトコルが多く存在することが，その複雑性を増しているといえます．本書はそのような観点から，ネットワークの外見的な要素は省き，プロトコルに絞ってネットワーク技術を解説することにしました．

IoT が当たり前のものとなってきている昨今，コンピュータネットワークは生活を支えるインフラとなっています．今後もシステムの設計や実装，利用の際には，ネットワーク技術とのかかわりを無視することはできません．システムのパフォーマンスや安定性，コストなど様々な要件を満足するためには，様々な通信規格やプロトコルの違いを把握し，その特性を考慮する必要があります．しかしながら，ネットワーク技術そのものも急速に進展しており，新たな規格がどんどん登場してきます．近年でも 5G，HTTP/3，QUIC，Wi-Fi HaLow など，枚挙に暇がありません．そうした新たな規格について，標準のドキュメントなどは公開されていることも多いですが，それらを読解するのは大変な作業です．また先述のとおり，学習に適した資料も限られているのが実情です．この分野は初心者にとってはハードルが高いものの，最近では日本の技術力の低下という課題も浮上しています．こうした現象の背後には多くの原因が推測されるものの，未来の技術を担う人材の養成が重要であることは明らかです．この書籍が，新たな時代の研究者や技術者の参考資料として役立てられることを心より願っています．

2024 年 3 月

著　者

目　次

Chapter 1

IoT とネットワーク技術

IoT のデータ転送技術を学んでいくにあたって，この章ではまず，IoT の基礎知識と，ネットワーク技術の前提としてのインターネットなどの基礎知識についてまとめておきます．

1.1 IoT の基礎知識

1.1.1 IoT とは

IoT は「Internet of Things」の略で，様々なデバイスがインターネットを通じて相互に通信するシステムを指します（図 1.1）．この概念は，単に人間が情報をやりとりするだけのインターネットから，モノどうしの通信が活発になる，という流れを表しているといえます．具体的には，センサやアクチュエータを搭載した機器やデバイスが，インターネットやほかのネットワークを介してデータを送受信し，それによって何らかの行動を起こすことを可能にするシステムを指します．たとえば，室温を計測するセンサがインターネットを通じてエアコンに指示を出し，適切な温度に調整するといった事例が考えられます．近年では，家電から産業機器まで，様々なデバイスが IoT 対応として市場に登場しており，私たちの生活やビジネスの現場での利用が進んでいます．このように，IoT は物理的なモノとデジタルな情報を結びつけ，新しい価値やサービスを生み出す可能性をもった技術として注目されています．

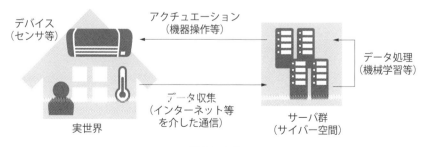

図 1.1 IoT

IoT のコンセプトは比較的新しいもののように思われるかもしれませんが，初期のコンピュータネットワーク技術が発展し始めた 1960 年代から，機器どうしの自動的な通信のアイディアは研究者たちの間ですでに議論されていました．1990 年代に入ると，RFID（Radio Frequency Identification）という技術が商業的に利用され始めるようになります．RFID は，モノに取り付けられたタグから無線で情報を読み取る技術で，日本では交通系 IC カードなどが有名です．学生証，社員証などをタッチしてドアを開けるシステムも，その多くは RFID を用いています．これが現代の IoT の基盤となる技術の一つとなりました．2000 年代初頭には「Internet of Things」という用語が登場し，モノのインターネット化の概念が広まりました．以降，スマートフォンの普及やクラウドコンピューティングの進展，センサ技術の向上などの技術的進歩により，IoT は急速に実用化の道を歩み始め，今日に至るまで様々な産業や生活領域での応用が進展しています．

1.1.2 IoT のおもな技術要素

IoT のベースはセンサ技術であるといえます．センサは環境や物体から情報を検出し，それを電気信号として変換するデバイスであり，物理的な世界からデータを収集し，デジタル化するプロセスを担当します．例としては，温度，湿度，光，圧力，動き，距離など，様々な指標をセンシングすることが可能です（図 1.2）．近年のセンサ技術の進展は特筆すべきものがあります．まず，センサの小型化と低コスト化が進行しており，これによって IoT デバイスの普及が加速しています．また，低消費電力での動作が可能なセンサも多く，給電のしにくい IoT デバイスでも長期間稼働することができます．複数のセンサの組み合わせも効果的であり，たとえ

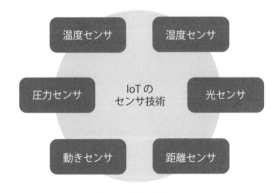

図 1.2 様々なセンサ

ば，加速度センサとジャイロセンサを組み合わせることで，正確な動きの検出や方向の識別が可能となります．このようなセンサ技術の進展により，IoTは大量のデータ収集を実現し，高度な分析やアプリケーション実装が可能となってきています．

IoTのもう一つの要となるのが通信技術であり，これがセンサから収集されたデータをほかのデバイスやクラウドへと転送する役割を果たします．通信技術は，データの伝送速度，通信距離，電力消費量，コストなどの要因によって特徴づけられます．近年では，IoTデバイスの増加に伴い，低消費電力で長距離をカバーする通信技術が注目されています．とくに，LPWAN（Low Power Wide Area Network）とよばれる技術はIoT向きといわれ，スマートシティや農業分野などのIoTシステム構築に利用されています．LoRaWANやSigfoxなどが，このカテゴリの代表的な技術として知られています．また短距離通信に関しては，BluetoothやWi-Fi，NFC（Near Field Communication）などの既存の技術が，家電やウェアラブルデバイスとのデータ交換のために使用されています．これらの技術は，特定の環境下での高速通信や近距離でのシームレスなデータ転送に適しています．LTE，5Gのようなセルラ通信技術も，IoTの発展に大きく寄与しています．低遅延，高速通信，多数のデバイスへの接続といった特性を活かし，より複雑でリアルタイム性を要求されるIoTアプリケーションの実現が期待されています．

具体例として，Wi-FiとBluetoothは，私たちの日常に密接にかかわる無線通信技術の代表格です．とくに家電やモバイルデバイス，パーソナルコンピュータなどの間でデータ転送を行う際の主要な手段として利用されています．Wi-Fiは，おもにインターネットへの接続や大容量のデータ転送を目的とした技術として広く用いられています．IEEE 802.11という規格で定義され，一般的に家庭やオフィス，公共の場所で提供される無線LAN環境として利用されます．Wi-Fiの特徴としては，比較的高速・広範囲なデータ通信が可能であることが挙げられます．Bluetoothは，短距離間でのデータ交換を主目的とした通信技術として位置づけられています．ヘッドセット，マウス，キーボード，ウェアラブルデバイスといった近接するデバイス間のシームレスな接続とデータ転送を実現します．Bluetoothの特徴としては，低電力での動作や，ペアリングを通じた安全なデータ転送が可能であることが挙げられます．

LPWANは，低消費電力で広範囲をカバーする無線通信技術を指す言葉です．IoTデバイスが数多く存在し，それぞれが長い間バッテリーで動作しつつ，広範囲にわたって通信する必要がある環境において，LPWANの活躍が期待されます．お

もな特徴として,従来の無線通信技術に比べて大幅に低い消費電力で動作すること,長距離通信が可能であること,そして多数のデバイスをサポートできる能力が挙げられます.代表的な規格として,LoRaWAN や Sigfox,NB-IoT などがあります.LoRa は広範囲かつ低消費電力での通信を特長とし,都市環境や田舎のエリアでのセンサネットワークの構築に適しています.Sigfox は非常にシンプルなアーキテクチャをもち,大量のデバイスとの通信を効率よくサポートします.NB-IoT は,既存のセルラ通信技術を基にした低消費電力の通信技術で,おもにモバイル通信キャリアによって推進されています.

IoT デバイスから収集されるデータの量は膨大であり,このデータの処理や解析,保存を効果的に行うための技術が求められます.これを背景として,クラウドコンピューティングは IoT のデータ管理と処理においてメジャーな存在です(図 1.3).クラウドとは,インターネットを通じて提供されるコンピューティングリソースのことを指します.物理的な場所や具体的なハードウェアの詳細を意識することなく,必要に応じて計算能力やストレージを利用できるのが特徴です.IoT の文脈において,センサやデバイスから送信されるデータは,クラウド上のデータベースやストレージに保存されます.これにより,データはいつでも,どこからでもアクセス可能となり,リアルタイムの分析や長期間のデータ蓄積・解析が可能となります.また,クラウドのスケーラビリティを活用すれば,デバイスの数やデータの量が増加しても迅速に対応することができます.さらに最近は,クラウド上で動作するデータ分析ツールや AI 技術を用いることで,IoT データの解析が加速されています.たとえば,異常検知,最適化のためのシミュレーション,将来予測などの高度な分析が,クラウド上でのデータ処理を通じて実現されます.

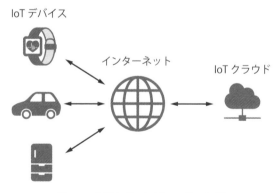

図 1.3 クラウドコンピューティング

一方で，データをクラウドで処理するだけでは，リアルタイム性やデータ転送コスト，プライバシーの問題などが出てくることがあります．このような課題に対応するためのアプローチとして，エッジコンピューティングが注目されています．エッジコンピューティングとは，データを生成するデバイスの近く，すなわちエッジでのデータ処理や解析を指す概念です．具体的には，IoT デバイス自体や，その近くに設置されるゲートウェイなどの端末で，データの前処理，分析，一部の処理を行い，必要な情報だけをクラウドに送信する手法を指します．

1.1.3 IoT のおもな応用例

スマートホームは，IoT 技術が家庭内での生活の質を向上させるために利用されるようなユースケースです（図 1.4）．様々な家電やセンサがネットワークに接続され，自動化，リモート制御，エネルギー管理などの機能を実現します．たとえば，家の外部からスマートフォンを用いて照明のオンオフやエアコンの設定を変更したり，セキュリティカメラの映像をリアルタイムで確認したりすることができます．また，居住者の生活リズムや好みを学習する家電が増えており，それにより，より快適で効率的な生活がサポートされます．さらに，スマートホームのシステムはエネルギー消費の最適化も実現します．例として，日照の状況や居住者の在宅・外出の情報に基づいて，エアコンやヒーターの設定を自動的に調整することで，効率的なエネルギー使用が可能となります．スマートホーム化により，利便性の向上だけでなく，エネルギーコストの削減や環境への負荷軽減といった長期的なメリットも期待されます．

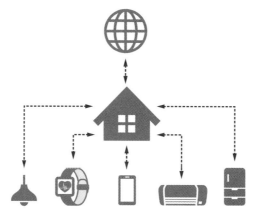

図 1.4　スマートホーム

IoT 技術により，都市の運営とサービスをより効果的，持続可能，効率的にするためのコンセプトがスマートシティです（**図 1.5**）．都市の中で生成される膨大なデータを収集，分析し，それに基づいて都市のインフラやサービスを最適化することがスマートシティの主要な取り組みとなっています．たとえば，交通渋滞の緩和，公共交通の効率化，エネルギー管理，廃棄物の収集と処理など，様々な領域での応用が考えられます．道路上のセンサが交通の流れをリアルタイムでモニタリングし，この情報を利用して信号機の制御やルート案内を最適化することで，渋滞を緩和し環境への負荷を減少させるユースケースなどが挙げられます．

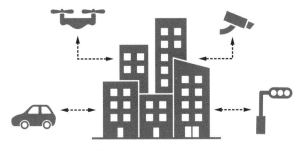

図 1.5　スマートシティ

スマートシティの実現には，多様なステークホルダーが協力し合い，データを共有し，新しいサービスやアプローチを開発することが不可欠です．その中でも重要なものの一つが，トランスポーテーション系のシステムです．効率的かつ持続可能な交通システムの実現に向けた様々な取り組みが行われています．自動運転車の開発においては，センサやカメラ，低遅延な通信技術を組み合わせることで，リアルタイムに周囲の状況を把握し，適切な運転判断を下すシステムが研究・開発されています．これにより，交通事故の削減や効率的な交通フローの構築が期待されます．また，公共交通機関においても電車やバスの情報をリアルタイムで収集・分析することで，混雑情報の提供や最適な運行スケジュールの計画が可能となっています．利用者にとっては，待ち時間の削減や快適な移動を実現する手助けとなり，運営者にとってはサービスの効率化や経済的なメリットをもたらしています．

スマートファクトリーは，製造業の現場での生産性向上や効率化を実現するコンセプトです．IoT 技術の導入により，機械，装置，システムが互いに通信し，データを共有することで，生産ラインの自動最適化や迅速な問題解決を目指します．たとえば，生産ライン上のセンサが稼働データや環境データを収集し，これを基に機

械の異常や生産の遅延を予測，早期に対応することが可能となっています．また，人と機械の協働も重要な要素となります．高度なロボット技術や AI を活用して，作業者の安全を確保しつつ，労力の要る作業を機械がサポートすることで，品質の向上や生産コストの削減が進められています．スマートファクトリーの実現には，デジタル技術の活用だけでなく，ワーカのノウハウや経験が重要な役割を果たします．既存のプロセスを上手く置き換えたり，ベテラン作業者の知見を継承するなど，継続的なアップデートが期待されています．

　ヘルスケア分野においても，ユーザの健康情報をリアルタイムで収集・分析することにより，病気の早期発見や個別化された治療の提供が進展しています．スマートウォッチやフィットネストラッカをはじめとしたウェアラブルデバイスにより，心拍数，血圧，睡眠パターンなどの生体情報を常時収集することが可能となっています．個々のユーザに合わせた健康管理や生活習慣のアドバイスが提供できるようになり，健康の維持・向上に貢献しています．医療機関向けにも，患者のベッドサイドに配置されるセンサを通じて，定期的な体温や心拍数の計測を自動化し，異常があれば医師や看護師にアラートを出す仕組みが開発されています．また，遠隔医療のサービスも拡充されてきています．高齢者が自宅で過ごしながら，定期的に健康情報を医療機関に送信し，必要に応じて医師からのアドバイスや処方箋の発行を受けることができるようになるなど，IoT 技術の導入により医療サービスの質とアクセス性が向上します．

1.1.4　IoT の課題と展望

　IoT の急速な普及とともに，セキュリティの課題も浮き彫りとなってきました．IoT デバイスの大部分は，インターネットに接続されることから，外部からの攻撃や不正アクセスのリスクが伴います．初期の IoT 製品には，セキュリティ設計が後回しにされたり，最低限のセキュリティしか施されていないものが多かったのです．結果として，これらのデバイスはハッキングの標的となりやすく，悪意ある第三者によるデータの窃取や，DDoS 攻撃の一部として利用されるケースが増えてきました．また，多様なメーカやサプライヤから提供される IoT デバイスの中には，定期的なセキュリティアップデートが提供されないものも存在します，これにより，既知のセキュリティの脆弱性を修正することなく，デバイスが長期間にわたり使用されるリスクが高まります．さらに，IoT デバイスが収集・送信する大量のデータは，適切な暗号化が施されていない場合，中間者攻撃などによって第三者に傍受さ

れる可能性が高まります．これはユーザのプライバシーの侵害や，ビジネス上の機密情報の漏洩といった問題を引き起こすおそれがあります．

　また私たちの周りのデバイスが収集するデータの種類や量の増加に伴い，プライバシーに関する懸念が高まってきました．IoT デバイスは，ユーザの日常の動きや習慣，位置情報など，個人的な情報を取得・保存・送信することが多くなっています（図 1.6）．このようなデータは，もし不適切に取り扱われると，ユーザのプライバシーを脅かすこととなります．たとえば，スマートホームデバイスは，家の中の動きや使用状況をつねにモニタリングしています．つまりユーザの生活リズムや好み，さらには家族構成や生活状況までが，第三者に知られる可能性が生じます．また，ウェアラブルデバイスは，ユーザの健康情報や運動量などのデータを収集しますが，これらの情報が不適切に共有されることには様々なリスクがあります．加えて，多くの IoT デバイスがクラウドベースのサービスと連携して動作しているため，データは遠隔のサーバに送られ保存されます．この際，適切な暗号化やセキュリティ対策がとられていなければ，データ流出のリスクが高まります．よって，適切な技術を用いることや，サービス提供者がユーザのプライバシーを保護するためのポリシーを策定・実行することなどが求められます．

図 1.6　IoT とプライバシー

　さらに，IoT システムの実装や適用においては，数々の技術的なハードルが存在しています．IoT のデバイスは多種多様であり，それぞれが異なる通信プロトコルやデータフォーマットを採用していることが一般的です．これにより，異なるデバイス間のシームレスな連携やデータの一元的な解析が難しくなっています．次に，スケーラビリティの問題があります．IoT デバイスの数は今後も増加すると予測されるため，大量のデバイスからのデータを効率的に収集, 処理, 分析するためのイ

ンフラが必要です．後の章で述べますが，ネットワーク，サーバなど複数のレイヤが存在し，適切に設計される必要があります．さらに，電力消費やバッテリーの持続性も大きなハードルの一つです．多くの IoT デバイスはバッテリー駆動であり，頻繁に充電や交換を要求されると大変不便です．システムの要件に応じて，なるべく消費電力の小さい技術を採用する，といった工夫が必要なのです．そうした観点で，実際の現場での導入の難しさが指摘されています．たとえば，既存の設備やシステムに IoT を導入する際のコストや時間，技術的な障壁など，実際の運用面での課題が多いのです．

1.2 ネットワークの基礎知識

1.2.1 インターネット

インターネットは，コンピュータネットワークとしての最大のものです．これはネットワークどうしを接続したものであり，ネットワークのネットワークともよばれます．私たちは日々の生活の中で，Web の閲覧や電子メールのやりとり，SNS（Social Networking Service）の使用，動画ストリーミングサイトの視聴，オンラインゲーム等，多種多様なインターネットベースのサービスを利用しています（**図 1.7**）．ビジネスの文脈では，メールやファイルの共有といった従来の手段に加え，Slackのようなコミュニケーションツールや，2020 年以降に普及したオンラインでの会

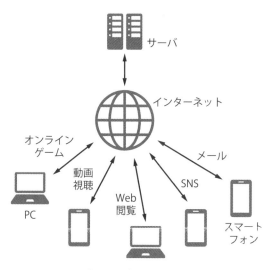

図 1.7 私たちの生活とインターネット

議など，インターネットは欠かせないものです．ただし，インターネットには特定の管理者が存在しません．各ネットワークにはもちろん管理者がいますが，全体としては管理者がいないのです．これは，鉄道網が路線ごとに異なった企業により運営されていながら，相互乗り入れや乗り換えが可能なことと似ています．

またこの特性が，様々なデバイスやネットワークが支障なく相互接続するための，共通化された方式（プロトコル）の重要性にもつながっています．多種多様なデバイスやネットワークを相互に接続するための共通言語／仕様を「プロトコル」とよぶのです．本書には，このようなプロトコルが数多く出てきますが，これらはうまく通信を成立させるために人間が考案し，議論して定めてきたルールです．よって，ネットワーク技術の学習には，決まり事の学習という側面があります．もちろんその背景には，物理的な制約や理論的な解析結果などが存在します．つまり，決まり事の背景にある考え方や工夫などを理解しないと，ただ覚えるだけのマニュアルのようになってしまい，応用が利きにくくなってしまうおそれがあります．

1.2.2 プロトコルスタック

上述のとおり，コンピュータどうしが情報交換を行うには，「プロトコル」という共通の取り決めが不可欠です．ただし実際には，膨大な種類のプロトコルがあり，それぞれ異なる機能を提供したり，特定の機器や環境に対応する目的で開発されています．コンピュータシステムの構築時には，これらの中から最適なプロトコルを選択し活用することが求められます．また，各プロトコルは単体で動作するわけではなく，様々な役割をもったほかのプロトコルと組み合わせて用いられます．これらの通信に関するプロトコルは，階層的にモデル化されることが一般的です．この階層構造を「プロトコルスタック」と称します．スタックという言葉は，「積み重ね」という意味をもつ英単語に由来しています．

プロトコルスタックにもいくつもの種類があり，代表的なものとして OSI（Open System Interconnection）参照モデルがあります．その詳細は後述しますが，ここで重要なのは，コンピュータ間の通信を実現するための多様な機能を階層的に整理する理由です．データ通信には，相手の識別やデータの正確な転送，エラーなしの受信など，多くの機能が要求されます．これらの機能を階層的に分割し，それぞれの役割を明確にすることで，システムの複雑さが緩和されます．これにより，特定の機能に焦点を当てたプロトコルの開発や交換が容易になります．ある特定の目的に応じて，特定の階層のプロトコルだけを変更することなどが可能になるのです．

プロトコルスタックの詳細な説明は次章以降で取り扱いますが，ここでは簡単に概略を記します．階層構造の下のほう，すなわち下位層ほど物理的あるいはハードウェア的な通信機能を担います．一方，上位層はより論理的で抽象的な機能をもち，ソフトウェア中心の処理を担当します．具体的にいうと，OSI 参照モデルのレイヤ1〜3 はデータの物理的な転送を，レイヤ4〜7 はその論理的な側面を扱います（図1.8）．これは，デジタルデータが最終的に物理的な信号として伝達される際，どのようなメディアや経路をとるかを指示するのがレイヤ1〜3 の役割だと解釈できます．たとえば，郵送サービスを考えると，東京から大阪への手紙の運送ルート，すなわち高速道路を使うか，飛行機を使うかなど，が該当します．一方，上位層での「論理的な側面」とは，たとえば普通の郵便として送るか，セキュリティを重視した書留として送るか，という選択に似ています．つまり，「データの送信」という一言で表される機能にも，多岐にわたる方法や選択が存在するわけです．

図 1.8　OSI 参照モデル

1.2.3　伝送媒体と無線通信

さて，データは物理的には何らかの媒体を通って伝送されます．コンピュータネットワークでいう媒体とは，情報を伝えるモノを指し，メディアともよばれます．具体的な媒体としてはたとえば，光ファイバやメタルケーブルがありますが，ほかにも空中や水中などの空間も媒体として挙げられます．このような媒体によって物理的な通信路を大きく分けると，「有線」と「無線」があります．名前のとおりですが，有線とはデバイスどうしを線＝ケーブルで接続し，その中を通って情報が伝送され

る構成です．無線の場合にはケーブルを用いず，電波などを用いて情報を伝送します．とくに IoT では，無線通信を用いるケースが非常に多いです．小さなデバイスや移動するデバイスについては，ケーブルがないほうが設置も運用も簡単かつ低コストで相性がよいからです．

　無線通信にも，非常に多くの規格があります（図 1.9）．Wi-Fi はその中でも非常に知名度が高いものの，なんでもかんでも Wi-Fi で接続すればよいというものではありません．無線の技術では，大半は電波を使用して信号を送信するものの，可視光や音波を使用するものも存在します．電波を送受信する際の周波数や帯域幅は，物理的な要因や各国の法的な要因により制約を受けることも多くあります．これは，無線の周波数帯域は，それを利用するすべての人々の共有資源だからです．様々な無線通信の規格がありますが，データレートや通信距離にはそれぞれ大きな差があります．もちろんこれらは理論的な値であり，実際の環境によっては異なる結果が得られることもあります．信号の伝搬距離が長くなると，その強度は自然と弱まり，データの受信や解読が難しくなります．同様に，外部からの干渉やノイズの影響を受けると，信号の品質が低下する場合があります．物理的な要因や周囲の環境によって，信号の品質や受信能力が変動することも考慮に入れる必要があります．要するに，様々な技術や規格が存在し，用途や条件に応じて最も適したものを選ぶ必要があります．

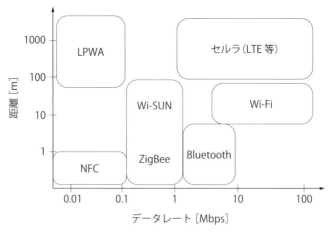

図 1.9　様々な無線通信

　本章では，本書の位置づけや狙いと，IoT のデータ転送にかかわるネットワーク技術の基礎知識について述べました．IoT はすでに，私たちの日常に不可欠なものとなってきています．IoT では一般的に，取得 → 転送 → 処理 → 利用というデータの流れが存在し，ネットワーク技術とは切っても切り離せない関係にあります．無線通信の規格，上位プロトコルの選択，データの暗号化など，IoT のデータ転送にかかわる技術は非常に多岐にわたります．実際にシステムを設計・構築・運用するためには，デバイスの種類や取得するデータの特性，利用される環境，アプリケーション側の要求などに応じて，適切な技術を用いる必要があります．本書では，IoT のデータ転送技術について体系的に解説し，IoT をシステムとして作る際の指針となることを目指します．次の章では，非常に幅広いシステムやアプリケーションを含む概念である「IoT」という概念について，もう少し整理して理解することを試みます．

IoT 階層モデル

　前章で IoT の概要がつかめたとして，本章では IoT の全体像をもう少し体系的に理解していきます．IoT にはアプリケーションに応じて様々な形態があるため，一口に IoT といっても，人によってイメージするものが違ったりします．また IoT システムは，デバイスやネットワーク，クラウドサーバなど様々な構成要素から構成され，各構成要素が相互に連携して動作しています．このような曖昧性や複雑性をもつ IoT という概念について体系的に整理し，理解や議論を助けるための方法として，階層モデルというものが提案されています．

2.1　階層モデルの意義

　IoT について記述・理解するために，階層モデルがよく用いられます．IoT とは，実際には様々な構成要素を含んだ広範な概念です．つまり，デバイス，ネットワーク，データ処理，アプリケーション，ビジネスなど様々な要素が IoT にはかかわってきます（図 2.1）．スマートホームとよばれるような生活に役立つアプリケーションと，産業用 IoT とよばれるようなものとでは，利用されるデバイスも違いますし，デバイスを接続する無線通信の方式，利用環境やサービスの流れまで異なってきます．このような多岐にわたるアプリケーションを含んだ，幅広い概念である IoT は，うまく表現しないと議論・検討することが難しくなります．そこで，階層モデルを

図 2.1　IoT の構成要素

用いて整理することで，IoT という概念を体系的に理解しやすくしているのです．

　先述のように，IoT には多くの構成要素が含まれますが，その機能や処理のシーケンスについては，一定のパターンが存在します．そのパターンを抽出し，いくつかのレイヤからなるモデルとして整理したものが，IoT 階層モデルです．よく似た例としては，コンピュータネットワークについて記述・理解する際によく用いられる OSI 参照モデル（**表 2.1**）が挙げられます．これはインターネットなどで必須な通信の機能を，7 階層のレイヤに整理したモデルです．物理的な媒体や信号，データの転送経路，通信セッションの管理など，複雑かつ多岐にわたる通信を構成する機能をすっきりと表現しています．なお，OSI 参照モデルについては，第 4 章で詳しく述べます．

　IoT における階層化のわかりやすい例としては，データ取得とデータ処理とを分けることが挙げられます．データをどのように処理・活用するかは，そのデータの

表 2.1　OSI 参照モデル

階　層	名　称	機　能
第 7 層 （レイヤ 7）	Application Layer （アプリケーション層）	アプリケーションごとの固有の規定．通信を行うアプリケーションとユーザをつなぐ役割を担う．
第 6 層 （レイヤ 6）	Presentation Layer （プレゼンテーション層）	文字コードなどのデータの表現形式の規定．表現形式の異なるアプリケーション間の通信を可能にする役割を担う．
第 5 層 （レイヤ 5）	Session Layer （セッション層）	通信プログラム間の通信の確立，維持，終了の規定．セッション（通信の開始から終了まで）を管理する役割を担う．
第 4 層 （レイヤ 4）	Transport Layer （トランスポート層）	ノード間のデータ転送の信頼性を確保するための規定．データの順序管理や到着保証，消失を防ぐための輻輳制御，それらを実現するためのコネクション管理などの役割を担う．
第 3 層 （レイヤ 3）	Network Layer （ネットワーク層）	ネットワーク間のエンドツーエンドの通信のための規定．アドレス情報の管理や，データ転送の経路選択などの役割を担う．
第 2 層 （レイヤ 2）	Data Link Layer （データリンク層）	直接的に接続されたノード間の通信のための規定．物理的につながったローカルな範囲での通信を提供する役割を担う．
第 1 層 （レイヤ 1）	Physical Layer （物理層）	ビット列を電気信号に変換するための規定．ケーブルの種類や電波の周波数など，物理的な伝送媒体の規格を提供する役割を担う．

取得方法（たとえば，デバイス A を用いるか，デバイス B を用いるか）とは切り離して考えることができます．同じく，データの取得方法は，後工程での細かい処理とは分けて考えることが可能です．このように，機能や工程を階層モデルとして切り分けることで，IoT を体系的に理解したり，比較検討したりすることが容易になるのです．

ただし注意点として，唯一絶対的な IoT 階層モデルというものは存在しません．これは，IoT には様々な側面があるという事実を反映しているといえます．コンピュータシステムとしての技術的な面に着目するか，ビジネス上のデータ利活用の流れに着目するか，などによって表現すべき要素が変わってくるのです．また，かかわる人の知識レベルや階層モデルの使い道などによっても，表現すべき事項・粒度が異なってくる，といった面もあります．必要以上に詳細なモデルでは，情報が多すぎ，消化不良を起こす懸念があります．

IoT システムを考えるうえでは，適切に選択したモデルに基づいて検討・議論するようにすると，混乱や行き違いが少なくなるはずです．本章では，代表的な階層モデルをいくつか挙げて解説します．これらを通して，IoT という様々な構成要素や観点をもった曖昧な概念を，体系的に理解する下地を整えていきます．

2.2　代表的な階層モデル

ここでは，これまでに提案・議論されてきた様々な IoT 階層モデルの中でも，代表的なモデルをいくつか取り上げて紹介・解説していきます．IoT の整理のしかたを学ぶことで，IoT の個々の要素技術とそれらの関係性について，イメージしやすくなるはずです．

2.2.1　IoT World Forum リファレンスモデル

まず，シスコにより 2014 年に IoT World Forum で提示された 7 階層のリファレンスモデル（表2.2）を紹介します．有名なモデルですが，7 階層からなるため，かなり詳細な部類のモデルだといえます．下位層ほどデバイスなどの物理的な要素に近く，上位層ほどプロセスや人を含めたワークフローなどの抽象的・機能的な要素を表します．以下では，各層について詳しく見ていきます．

レイヤ1：デバイス，コントローラ

IoT の「T（Things）」に該当する部分です．このレイヤは，ネットワークに接

表 2.2　IoT World Forum リファレンスモデル

階　層	名　称	機　能
第 7 層 （レイヤ 7）	Collaboration & Processes （コラボレーション，プロセス）	IoT にかかわる人々やビジネスプロセスに関する機能．実際の生活や業務に，どう役立てるかを指す．
第 6 層 （レイヤ 6）	Application （アプリケーション）	報告，分析，制御に関する機能．データ分析処理と，それに基づいたデバイスの制御を指す．
第 5 層 （レイヤ 5）	Data Abstraction （データ抽象化）	データ集約とその利用に関する機能．データを扱いやすく整理することを指す．
第 4 層 （レイヤ 4）	Data Accumulation （データ蓄積）	データの保管を行う機能．デバイスから送られてきたデータの保存方式を指す．
第 3 層 （レイヤ 3）	Edge Computing （エッジコンピューティング）	データ要素の解析と変換を行う機能．デバイスから送られてきたデータに対する一次処理を指す．
第 2 層 （レイヤ 2）	Connectivity （コネクティビティ）	通信およびその処理を行う機能．デバイスをインターネットに接続するネットワークを指す．
第 1 層 （レイヤ 1）	Physical Devices & Controllers （デバイス，コントローラ）	IoT における「T（Things）」の機能．ネットワークに接続するデバイスを指す．

続する多種多様なデバイスを指します．IoT では，加速度センサなどの小型のモノから，自動車など大型のモノまで様々なデバイスが用いられますが，それらをすべて含みます．要するに，IoT というからには何かしらのデバイスが存在する，ということを表しており，本モデルが用途などによらない汎用的なモデルであることをよく表しています．

レイヤ 2：コネクティビティ

デバイスをインターネットへとつなぐネットワークを指します．IoT の「Io（Internet of）」の部分を表すといえるかもしれません．実際のネットワークは様々な構成要素からなり，通信パケットはいくつもの媒体（無線，光ファイバなど）や機器（ゲートウェイ，スイッチ，ルータなど）を通りますが，一般的にはデバイスに最も近い区間（アクセスなどともよばれます）がボトルネックとなりやすいため，ここが論点となることが多いです．もちろん色々なケースがありますので，ほかの区間まで含めて詳しく検討することもあります．このアクセス区間は，IoT の性質から無線通信が採用されることが多いです．日常生活でもよく使われる Wi-Fi やBluetooth のほかにも，LPWA や RFID，NFC のような短距離通信規格など数多く

の無線通信方式があります．これらは通信レートや到達距離，コストなど様々な点が異なってきますので，状況に応じて適切な方式を選択することが重要となります．本書の後半では，このあたりについて詳しく取り上げていきます．

レイヤ3：エッジコンピューティング

このレイヤは，データの（一次）処理を行う機能を指します．エッジコンピューティングとは，従来のクラウドコンピューティングよりもデバイスに近いところでデータ処理を行う手法です．同様の概念はフォグコンピューティングなどとよばれることもあり，また5GではMEC（Multi-access Edge Computing）とよばれます．いずれにせよ，分散配置されたエッジサーバを用いて，デバイスからアップロードされたデータに対する処理を行います．エッジコンピューティングの恩恵としては，データの「地産地消」による低遅延化のほか，クラウドへ転送されるデータ量の削減などが挙げられます．

レイヤ4：データ蓄積

このレイヤは，デバイスから転送されたデータを保存するストレージの機能を指します．機能としては単純ではあるものの，どこに蓄積するか，容量をどのくらい確保する必要があるか，冗長化の方法など，システムとしては様々な検討ポイントが存在します．たとえば，多数のデバイスから収集したデータをまとめて保存することもあれば，分散的に保存することも考えられます．一般にどちらが優れているといったことはなく，システム全体の設計思想やコストなどに応じて，適切なデータ蓄積を行うことが肝要だといえます．

レイヤ5：データ抽象化

データ抽象化とは，簡単にいえばデータを扱いやすいように整理することです．コンピュータサイエンスにおける抽象化とは，具体的かつ詳細な概念や事象を隠蔽したりする仕組みです．たとえばコンピュータで計算を行うとき，ユーザはメモリアドレスやレジスタなどの具体的な構造を考慮する必要はありません．また，演算の内容をビット列の加算などの計算機で実行可能な基本操作のレベルまで落とし込んで考える必要もありません．その代わりに，C言語などの高級プログラミング言語を用いてもっと複雑な計算を1行で記述することができます．これはコンピュータの制御が抽象化されているためで，ユーザは細部に労力を割くことなく，重要な

作業に注力することができます．本モデルにおける抽象化とは，データ構造の抽象化を指します．要するに，蓄積したデータはそのままでは扱いにくいため，実用上は不要となる詳細部分を隠し，ユーザからアクセス・操作しやすいようにする機能を提供します．

レイヤ6：アプリケーション

　このレイヤはデータの活用を表します．統計分析や機械学習をはじめとする様々なデータ処理に加えて，デバイスへのフィードバック，アクチュエーションなどの制御も含みます．近年隆盛のデータサイエンスとよばれる領域がおもに扱うのはこのレイヤであり，とくにデータ処理の部分であるといえます．デバイスから収集された各種データを高度に解析することで，何らかのパターンの発見や，状況に基づいたきめ細かなシステム制御が可能になります．IoT による価値の創出に直結するレイヤであるともいえます．

レイヤ7：コラボレーション，プロセス

　最後のレイヤは，実際の生活や業務にどう役立てるかという，ある意味では最も重要なポイントです．レイヤ6まではコンピュータシステムとしての構成・機能を表していたのに対して，この最上位レイヤはビジネスプロセスなどユーザの行動を表す点で，ほかのレイヤとは趣が異なります．端的にいえば，IoT によって具体的に何を実現するのかを指しており，業務改善や DX とよばれる概念とも重なる部分があります．たとえば，高精度な天気予報を見たとしても，それを服装の調節や予定の変更などの具体的な行動に活かさなければ意味がないのと同じように，IoT で得られる結果も，最終的にはビジネスプロセスなどへ具体的に反映させなければ意味がありません．これは当たり前のような話ですが，残念ながら実際にはありがちなことでもあります．とくに，一度確立されたプロセスをアップデートするのは困難なことも多く，無理のない計画を事前に検討しておくことは非常に重要です．

2.2.2　3層モデル

　2010 年代の前半，IoT という概念がまだいまほど浸透していなかった頃には，もっとシンプルなモデルが用いられていました．その代表的なものが Perception Layer（感知層），Network Layer（ネットワーク層），Application Layer（アプリケーション層）からなる3層モデル（図 2.2）です[1, 2]．

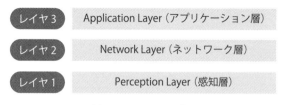

図 2.2　IoT 3 層モデル

感知層とは，センサなどを用いて実世界のデータを取得するレイヤであり，先の 7 層モデルにおけるレイヤ 1 にあたります．

ネットワーク層とは，データを転送する機能であり，各種ネットワーク機器などを含みます．先の 7 層モデルではレイヤ 2 に該当します．

そして，本モデルにおけるアプリケーション層とは，ユーザに対して何らかの特定のサービスを提供する機能を抽象的に表しています．たとえば，スマートホームでよく取り上げられる照明の自動調光でいえば，「（ユーザの在室状況に応じて）照明の明るさを調節する機能」を指す，といった具合です．7 層モデルのレイヤ 6 あたりに該当するほか，上下の層に該当するようにも解釈できますが，そこまで明確なものではないという理解もできます．

このような単純なモデルは，大まかな流れや構造がわかりやすいというメリットがあります．つまり，実世界のデータを取得し，そのデータを伝達し，集めたデータを何らかの目的に用いる，という IoT の基本構造がそのまま表されているといえます．当然ながら一方で，情報が少なく表現力が低いことが課題となります．たとえば，7 層モデルでいうエッジコンピューティングやストレージ，ビジネスプロセスなどが言及されていません．そのため，データの蓄積や実社会への反映のさせ方などを考える必要がある際には，適したモデルであるとはいえません．システム検討の初期段階などにおいて，データの流れを明快に表現したいときには，適していると考えられます．

2.2.3　5 層モデル

先述の 3 層モデルは，シンプルでわかりやすい一方で少し表現力に乏しく，複雑なシステムに対して適用することが難しいという課題がありました．そこで提案されたのが，図 2.3 に示す 5 層モデルです．本モデルは Perception Layer（感知層），Transport Layer（トランスポート層），Processing Layer（処理層），Application Layer（アプリケーション層），Business Layer（ビジネス層）からなります．

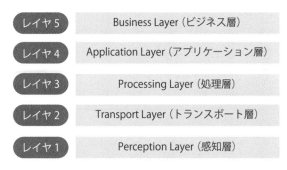

レイヤ5	Business Layer (ビジネス層)
レイヤ4	Application Layer (アプリケーション層)
レイヤ3	Processing Layer (処理層)
レイヤ2	Transport Layer (トランスポート層)
レイヤ1	Perception Layer (感知層)

図2.3　IoT 5層モデル

　感知層については先の3層モデルと同じであり，各種センサを用いて実世界のデータを取得する機能を指します．

　次に，トランスポート層はデータの転送機能を表し，3層モデルでいうネットワーク層にあたります．感知層で取得されたデータを，次の処理層へと受け渡すための役割を担っており，具体的には LAN や Wi-Fi，Bluetooth などの通信機能を指します．

　レイヤ3の処理層では，データの蓄積や解析を行います．なお，ミドルウェア層とよばれることもあり，データベースやクラウドコンピューティングにかかわる技術などもここに含まれます．

　レイヤ4のアプリケーション層は，先の3層モデルと同様であり，ユーザに対して何らかの特定のサービスを提供する機能を表します．IoT システムの中で実世界へのフィードバックを担う部分であり，当該システムで結局何をしたいのか，という問いに答える部分であるともいえます．

　レイヤ5のビジネス層は，先の7層モデルの最上位レイヤであるレイヤ7とよく似た概念です．IoT システムを通じて達成されるビジネスプロセス（の改善）や，ユーザのプライバシに対する考え方など，ほかの層には収まらない上位概念のような部分を指しています．

　このように5層モデルは，3層モデルと比べるとかなり表現力が増しており，様々な IoT システムに対して適用することが可能です．ただし，7層モデルと比較すると，データ処理に関連する部分がまだ手薄であるといえます．つまり，データをどこにどのように蓄積するか，エッジ／クラウドコンピューティングの方法など，明示的に表現するレイヤが存在しません．このような事項があまり意味をもたないシステムの場合にはまったく問題が生じない一方で，データの格納方法などが，コ

ストや計算処理などの観点で重要であるような場合には，本モデルでは不十分であると考えられます．このように，各モデルには考え方の違いや一長一短があり，場合によって適したモデルを用いることが肝要だといえます．

2.3 ITU-T Y.2060 モデル

2.3.1 国際標準モデル

　ここまでに記述してきた IoT 階層モデルは実際に広く用いられてきたモデルでしたが，また別の観点として，国際標準としての IoT リファレンスモデルというものも存在します．標準（スタンダード）というものは，異なる国，異なる企業，異なる立場の人が同じ方式を用いることを可能にするために規定されます．もちろん，有名な方式が成り行きで一般的に用いられるようになり，結果的に事実上の標準のようになることもあります．このような事実上の標準は，デファクトスタンダードとよばれます．これに対して，標準化団体が正式に規定・発行したものが標準です．

　ここで，念のために標準化とその意味について，簡単に記述しておきます．標準化プロセスは標準化団体によって主導・管理されます．標準化団体には，公的・民間を含め様々なものがあり，それぞれ目的やプロセスが異なります．理論的な整合性などを重視するものもあれば，先に実装ありきで標準化を進めていくものもあり，基本的には思想や性格の違いですので優劣などはありません．わかりやすくイメージするとしたら，ボクシングにおいて団体ごとのチャンピオンが別々に存在するのと似たような状況かもしれません．このような場合には，「どちらの標準を採用するか」といった問題が発生してくることもあります．いずれにせよ標準を定め，その標準に従って製品を作ることによって，異なる企業の製品であっても相互接続性が担保されます．これはユーザ側にとっては，利用できる製品の選択肢が増え，コストダウンにもつながります．また不具合などへの対策として，あえて異なる企業の製品を組み合わせるマルチベンダとよばれる手法をとることもありますが，これも標準に基づく相互接続性が担保されているからこそ可能なことです．一方でベンダ側としても，基本機能を標準に基づいて実装することで販売上のリスクを抑えることができるほか，さらにユーザインタフェースや独自機能を搭載するといった差別化につなげることができます．また共通の部品を作り，それを複数の企業で広く採用してもらうようなビジネスも行いやすくなります．

　理論的な標準を定めることで，関連する用語や概念が統一され，議論したり技術

的な検討を行ったりすることが容易になります．このようにして標準化された IoT
リファレンスモデルが，ITU（International Telecommunication Union，国際通信
連合）の電気通信標準化部門である ITU-T（ITU-Telecommunication sector）に
より 2012 年に勧告化された Y.2060 です[3]．なお，ITU-T は国際連合の専門機関
であるため，国と国との間で通信関連の公的な取り決めを行うような位置づけと
なっています．民間で標準化を行う団体としては IEEE などがあり，場合によって
は似て非なる標準化が行われるようなこともあります．

2.3.2 基本的なレイヤ構成

　Y.2060 に掲載されている IoT リファレンスモデルを図 2.4 に示します．このモ
デルは，基本的にはデバイス層，ネットワーク層，サービス／アプリケーションサ
ポート層，アプリケーション層の 4 層からなります．特徴的なのは，各レイヤの中
に「Capabilities（機能）」が定義されていることです．これは，要するに何かを実
行できる能力のことを指しています．このモデルでは，特定の機能から構成される
ものとしてレイヤを定めている，ともいえます．
　レイヤ 1 のデバイス層は，デバイスとゲートウェイという二つの機能から構成さ
れます．デバイスとは，ほかのモデルと同様に IoT デバイスのことを指します．

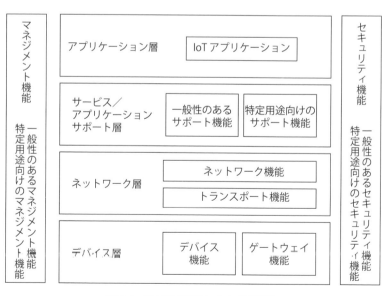

図 2.4　ITU-T IoT リファレンスモデル

一方で，ゲートウェイというものはここまでに紹介したモデルでは明示されていま
せんでした．ゲートウェイというのは，プロトコルの変換機能をもつ装置のことで
あり，コンピュータネットワークにおいて異なるプロトコルを用いる区間の境界に
設置され，両者を相互に接続する役割を担います．すなわちゲートウェイ機能が必
要となるのは，おもにデバイスの利用する通信プロトコルではネットワーク層と直
接やりとりできず，何らかの変換処理が必要な場合です．このようなプロトコルの
代表例としては，ZigBee が挙げられます．ZigBee で通信するデバイスは IP アド
レスなどを用いないため，直接インターネットへと接続することができません．そ
のため，ZigBee ゲートウェイを介してプロトコルの変換を行ったうえでインター
ネットへと接続する必要があります．このように，デバイスの利用する通信プロト
コルに応じて，ゲートウェイの必要性の有無が定まるのです．ゲートウェイという
存在が考慮されていることからもわかるのですが，このモデルのデバイス層は，デ
バイスが備える通信機能にも少し踏み込んだ形で規定されています．電気通信を扱
う団体である ITU-T の標準ということが，このあたりに影響しているかもしれま
せん．また標準の中では，デバイスがアドホックなネットワークに対応する（一時
的なネットワークをその場で構成する，という意味）ことで，スケーラビリティな
どを向上させられる点も明記されています．同様に，デバイスの消費電力を抑える
ためにスリープ機能への対応が可能な点も記載されています．

　レイヤ 2 のネットワーク層は，ネットワークとトランスポートの二つの機能から
構成されます．ここでいうネットワーク機能は，まさにデバイスをインターネット
へと接続し，維持する機能を提供します．維持と明示しているのは，デバイスの移
動なども想定されているためであり，周波数チャネルなどのリソースの割り当てや，
転送経路のルーティング，アクセスコントロールなども含まれます．トランスポー
トとは，アプリケーション向けのデータと，関連するコントロールメッセージなど
とを合わせて適切に送り届けるための機能を指しています．

　次に，レイヤ 3 のサービス／アプリケーションサポート層は，一般性のある機能
と特定用途向けの機能から構成されます．一般性のある機能とは，通常のデータ保
存やデータ処理など，システムの用途などにかかわらず共通で利用されるようなも
のを指します．また，特定用途向けの機能とは，上記に含まれない，文字どおり特
殊な処理などのことです．これらは，先の 5 層モデルではレイヤ 3 の処理層にあ
たります．

　最上位レイヤであるアプリケーション層は，ほかのモデルにおけるアプリケー

ション層と同じものと考えて差し支えありません．上の階層にいくほど，ほかのモデルとの違いがなくなっていくことがわかります．これは，アプリケーションに近い要素ほど個々のケースの差も大きく，標準として規定できる事項が少なくなっていくことに起因すると考えられます．

2.3.3 マネジメント

さて，ここで図 2.4 をもう一度見直してみると，上記の 4 階層の横にマネジメントおよびセキュリティに関する機能が記載されていることに気づきます．またそれぞれ，一般性のある機能と特定用途向けの機能から構成されます．ここではまずマネジメント，すなわちシステムの管理について述べていきます．

ネットワークシステムの管理については，ISO（International Organization for Standardization，国際標準化機構）により従来から規定された FCAPS モデルが存在し，ITU-T IoT リファレンスモデルでもこれを踏襲しています．FCAPS という名称は，Fault（障害管理），Configuration（構成管理），Accounting（課金管理），Peformance（性能管理），Security（機密管理）の頭文字を並べたもので，FCAPS モデルはこれらの機能について定義しているのです．以下ではまず，各機能について簡潔に説明しておきます．

障害管理

機器の故障などによりネットワークの通信が途絶してしまうなど，何らかの問題が発生することを障害とよびます．そもそも情報システムには故障がつきものです．多くの機器からなるシステムであるほど，そのどこかで故障が発生する可能性が高まります．電源，ポート，ケーブルなどの各ハードウェアについてそれぞれ故障リスクがありますし，またソフトウェア的なエラーなどの可能性もあります．もちろん故障は起きないほうがよいのですが，故障発生をあらかじめ織り込んで，その影響を最小限に抑えるような対策を行っておくことが重要になります．ただし，システムが提供するサービスの種類や質によって，どの程度の障害が許容されるのかは異なってきます．

障害管理の目的とはすなわち，ネットワークの可用性を高めることです．障害管理は，発生した事象の検出，記録とユーザへの通知，原因の特定，復旧までの各ステップから構成されますが，必ずしもすべてのステップに関する機能を提供する必要はありません．障害の通知を行う代表的な方法としては，SNMP（Simple Network

Management Protocol）の Trap があります．ネットワークの状態監視のために古くから使われている方法であり，監視下にあるエージェントから管理者であるマネージャに対して通知メッセージを送信します．ユーザは管理用コンピュータが受け取った Trap メッセージのログを見れば，どのような事象が起こっているかを把握することができます．

　自動復旧を行う方法には様々なものがありますが，古典的で理解しやすいものとして STP（Spanning Tree Protocol）が挙げられます．STP はもともと，レイヤ 2 ネットワークにおいてループを避けるために用いられるプロトコルです．すなわちレイヤ 2 スイッチがあるポートからブロードキャストフレームを受信すると，ほかのすべてのポートに対して同じフレームをコピーして転送します．しかし，もし LAN 構成にループが含まれていた場合，スイッチどうしがブロードキャストフレームの受信・コピー・送信を繰り返し，永遠にネットワーク上を回り続けるブロードキャストストームを引き起こし，結果として帯域のひっ迫やネットワークダウンにつながります．これを防ぐためのプロトコルが STP であり，スイッチ間で専用メッセージを交換し，一部のポートをブロック状態に設定することでループを回避し，ネットワークを論理的にツリー構造にしています．STP では，リンク故障などが発生した際には，当該リンクを新たにブロッキングポートに設定し，従来ブロック状態だったポートを開放することで新たなツリーを構成し，ネットワーク疎通を復旧させます．STP は古典的なプロトコルですが，障害発生時に転送経路を設定し直すような考え方は，SPB（Shortest Path Bridging）などの近年のプロトコルにも継承されています．

構成管理

　構成管理とは，機器の設置や接続，設定を行い，そのうえで構成管理に関する情報を維持しアップデートしていくことを指します．構成管理にかかわる情報としては，物理的な接続状態のほか，IP アドレスや VLAN などといった論理的な設定などもすべて含みます．このようなシステムの構成情報をきちんと管理しておかないと，時間が経って何らかのアップデートが必要になった際に，そもそも現状の確認にかなりの労力を割くことになってしまうほか，担当者が変わった際などにも引き継ぎが不可能となり，メンテナンスが困難になります．また大規模なシステムになるほど，様々な機器が様々なバージョンのソフトウェアで稼働することになります．その現状を正しく把握しておかないと，先述した故障管理も正しく行えないことは

想像に難くありません．Y.2060 モデルにおいては，とくにデバイスの状態管理や
システム構成の管理が想定されます．

課金管理

　課金管理とは，ユーザごとの使用状況に基づき，適切な（公平な）課金やネット
ワークリソース割り当てを行うことを指します．ネットワークリソースには，通信
方式に応じて帯域，周波数，時間などの意味が含まれます．基本的には多くのリソー
スが割り当てられるほど，よりリッチなサービスを利用可能になります．ただしネッ
トワークリソースには限りがあるため，その限りあるリソースを適正に配分するこ
とが重要になるのです．

　課金管理に向けては，まずネットワークリソースの使用率を計測することが必要
となります．ユーザあるいはユーザグループごとの使用状況を測定したうえで，各
ユーザの契約情報なども参照して，適正なリソース割り当てを行うことが課金管理
の目的です．その具体的なポリシーやアルゴリズムには，様々なものがあり得ます．
たとえば，全ユーザの課金状況がまったく等しい場合には，リソースを均等に配分
することが公平だと考えられます．ただしこの公平化も，瞬間瞬間で行うべきなの
か，ある一定の時間内のトータル値で行うべきなのか，といったことは一概には決
められないため，何らかのポリシーに基づく必要があります．いずれにせよ，継続
的かつ適正にリソースを利用することが重要です．

性能管理

　性能管理とは，ネットワークが継続的に所望の性能を達成し続けられるような管
理を行うことです．性能の指標としては，スループット，レスポンスタイム（遅延），
使用率などが挙げられます．すなわち，このような性能値を継続的に計測しておき，
あらかじめ定めておいた閾値を超過した場合などに何らかの対応を行うことで，極
端なパフォーマンス低下の防止などを行います．たとえば，スループットが 100%
に達すれば輻輳が発生し，遅延やパケットロスの増大が見込まれるため，そうなら
ないように先手を打って対処する，といったイメージです．なお，このようなパ
フォーマンスの低下についても，システムが提供するサービスの種類や質によって，
許容される程度が大きく異なります．Y.2060 モデルでも，アプリケーションの要
求に応じた性能管理が求められます．高いリアルタイム性が要求されるようなアプ
リケーションでは，遅延増大などは極力避ける必要があります．

機密管理

　ここでいう機密管理とは，アクセス制御機能を指します．すなわち，ネットワークにアクセスしようとするユーザを監視し，適切な認証を行ったアクセスは許可する一方で，適切でない認証情報を入力したアクアスを拒絶します．IDやパスワードによるログイン時の認証に加え，ユーザごとにアクセスできる範囲をコントロールする制御も存在します．また，アクセスログを分析することで，不正なアクセスがなかったかどうかを監視することも重要な機能です．

2.3.4　セキュリティ

　セキュリティについては，レイヤごとに様々な機能が存在し得ます．詳細に論じていると，それだけで本一冊分の情報量が必要になってしまいますので，ここでは一般的機能について簡単に列挙するに留めます．具体的な項目としては，デバイス認証，ユーザ認証，アクセスコントロール，データ完全性の確認，プライバシ保護，などが挙げられます．セキュリティを確保する方法としては，たとえばMACアドレス認証やパスワード認証といったものから，IPsecやSSL/TLSなどのプロトコルまで，様々なものが存在します．代表的なプロトコルについては，本書の後半で解説します．

　重要なのは，Y.2060モデルでは基本的なレイヤ構成に加えて，上記のようなマネジメントとセキュリティの観点も明示的に記載されている，ということです．IoTシステムを継続的に，かつ安定して安全に運用していくためには，マネジメントやセキュリティに関する機能をいかにして十分に確保するか，という観点が欠かせないのです．これを陽に示している点で，Y.2060モデルはIoTシステムの基本構造を理解するのみならず，ガイドラインとして優れているといえます．

2.4　IoT エコシステムとビジネスモデル

　本章ではここまで，IoTシステムの構成要素や機能面の階層構造についてのモデルを扱ってきました．本節では，これらのモデルとは別の観点でIoTを整理したモデルに触れておきます．ここで紹介するのは，ITU-T Y.2060にアペンディクスとして記載されている，「IoTエコシステムとビジネスモデル」というものです．アペンディクスなのであくまで付録扱いではあるのですが，なかなか示唆に富む内容であり，各構成要素や機能を提供する主体は誰か，という観点でIoTシステムのパターンを整理しています．

2.4.1 IoT エコシステム

　一般的に IoT サービスの提供には多数のプレーヤー（企業など）が参加します．各プレーヤーがそれぞれの役割を果たすことで，全体として一つのシステムが成立するわけです．このような IoT のエコシステムを構成する役割と，その関係の一例を模式的に表したものが図 2.5 です．ただし，とくに役割間の関係性については，様々なパターンがあり得るため，この図に表現されたものがすべて，というわけではありません．一つの主体が複数の役割を兼ねることもあります．それでもなお，このように表すことで，どのようなプレーヤーが参戦し得るのかについてイメージしやすくなるものと考えられます．

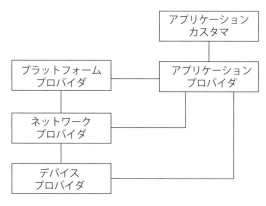

図 2.5　IoT エコシステム

　以下では，各役割についての一般論を述べていきます．もちろん実態はこの限りではなく，あくまでイメージしやすいように簡易化して説明します．

　デバイスプロバイダは，IoT デバイスを提供します．各種デバイスを製造・販売するメーカなどがデバイスプロバイダに該当するでしょう．

　ネットワークプロバイダは，ネットワーク接続性を提供します．インターネットへの接続形態に応じて異なりますが，たとえば IoT デバイスが 5G でインターネットへと接続する場合，5G を提供する通信キャリアがネットワークプロバイダに該当します．

　プラットフォームプロバイダは，IoT の構築や管理の基盤となるシステムを提供します．データストレージやデバイス管理，基本的なデータ分析などの機能をもつクラウド型の統合プラットフォームなどがこれにあたります．プラットフォームを利用することで，IoT 関連の知見がなくても設定や管理が容易になる，といった意

義が大きいです.

　アプリケーションプロバイダは，実際にユーザの利用するアプリケーションを提供します．そのために，デバイス，ネットワーク，プラットフォームの各機能を統合してシステムを構築する必要があります.

　アプリケーションカスタマは，IoT のアプリケーションを利用するユーザのことです．図に示されているとおり，アプリケーションカスタマから直接見えるのは，アプリケーションプロバイダだけであるケースも多いです.

　このように，一口に IoT システムを作るといっても，その機能の多様さゆえに，異なる役割をもつプレーヤーが同時にいくつも参加し得るということがわかります.

2.4.2　ビジネスモデル

　IoT エコシステムを構成するプレーヤーについて紹介したところで，実際にどのようなビジネスモデルが考えられるか，その代表的なものについて取り上げていきます．このようなモデルは，たとえば実際に IoT のアプリケーションを提供しようとするとき，自分がどの役割を担い，どの役割をどのような主体（企業）に担ってもらうか，といったことを整理する際に役立ちます．ただし，ITU-T のモデルであるがゆえに，通信キャリア的な観点がやや強い点には留意する必要があります．つまり，ビジネスモデルとしては多様な形態が考えられる中で，その中の一部をある観点から整理したもの，といった位置づけで捉えるのが適切だといえます.

モデル 1

　モデル 1 の模式図を**図 2.6** に示します．プレーヤー A が，デバイス，ネットワーク，プラットフォーム，アプリケーションのすべてを提供する，という一気通貫型のモデルです．プレーヤー A はシステムのすべてを構成し，アプリケーションカスタマに対して直接サービスを提供します．通信キャリアや，スマートグリッドや高度交通システムとよばれるようなビジネスにおいて，このようなモデルが採用さ

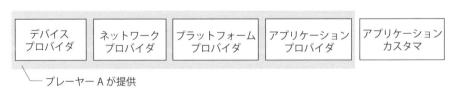

図 2.6　IoT エコシステム（モデル 1）

れることが想定されます.

モデル2

　モデル2の模式図を**図2.7**に示します.このモデルでは,デバイス,ネットワーク,プラットフォームをプレーヤーAが提供し,アプリケーションをプレーヤーBが提供します.サービス開発者はユーザが利用するアプリケーション部分に注力し,システムの基盤となる部分は提供してもらう,というある意味で非常にわかりやすいモデルです.一般的には,通信キャリアがプレーヤーAとなり,サービス開発者がプレーヤーBとなるパターンが想定されます.スマートデバイスのアプリケーションのみを開発してサービスとして提供するような場合も,このモデルに該当すると考えられます.

図2.7　IoTエコシステム（モデル2）

モデル3

　モデル3の模式図を**図2.8**に示します.このモデルでは,プレーヤーAはネットワークとプラットフォームを,プレーヤーBがデバイスとアプリケーションを提供します.モデル2との違いはデバイスを誰が提供するのか,という部分です.サービス開発者は任意のデバイスを用意したり開発したりし,これを利用してユーザの利用するアプリケーションを開発する,といったイメージです.こちらも一般的には,通信キャリアがプレーヤーAとなり,サービス開発者がプレーヤーBとなることが想定されます.センシングデバイスなどを新たに開発し,これを利用す

図2.8　IoTエコシステム（モデル3）

るためのアプリケーションも提供するようなケースがあります.

モデル4

　モデル4の模式図を**図2.9**に示します.本モデルでは,プレーヤーAはネットワークのみを提供し,デバイス,プラットフォーム,アプリケーションはプレーヤーBによって提供されます.このモデルは要するに,ネットワーク部分だけを通信キャリアに委託し,それ以外は自前で用意する,というパターンです.プラットフォームを提供可能な企業が,アプリケーションまで開発するような場合が想定されます.GoogleやAppleなどが提供するスマートデバイスなどは,デバイス,プラットフォーム,アプリケーションまでカバーすることが多く,本モデルに該当するケースが多いと考えられます.

図2.9　IoT エコシステム（モデル4）

モデル5

　モデル5の模式図を**図2.10**に示します.これはほかのモデルと異なり,3者からなるモデルとなっています.プレーヤーAはネットワークを,プレーヤーBはプラットフォームを,そしてプレーヤーCがデバイスとアプリケーションを提供します.プラットフォームのみを提供する企業もありますので,そのような他社のプラットフォームを利用してアプリケーションを開発するような場合がこれにあたります.

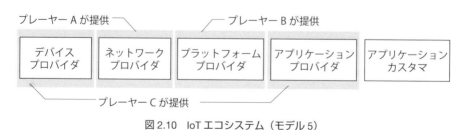

図2.10　IoT エコシステム（モデル5）

ビジネスモデルをこのように整理することで，アプリケーションを提供する際にどの役割を自社で担当し，どの役割を他社サービスの利用で解決するか，といったことを比較検討しやすくなります．

―――――――――――――――――――――――――――――――――――― **第 2 章のまとめ**

　本章では，ある意味で曖昧な概念である IoT というものを体系的に理解するために，IoT を構成する多様な機能を整理した階層モデルと，機能を提供するプレーヤーに着目したビジネスモデルについて記述しました．階層モデルとしては，表す機能の粒度の違いなどによって異なる複数のモデルを紹介しました．両論併記のようで歯切れが悪く見えてしまうかもしれませんが，モデルごとに適した利用局面というものが存在することも事実です．IoT システムを構築し，何らかのサービスとして提供しようとする際には，適したモデルをガイドラインとして利用することで，スムーズな検討が可能となります．以降の章では，IoT の中でもデータの転送に関連する機能を中心に解説していきます．

Chapter **3** **IoT の多様性とデータ転送**

前章で紹介した IoT システムの構成要素の中でも，本書でおもに取り扱うのはデータ転送機能です．IoT に必須の要素といえますが，データ転送を担う技術には様々なものが存在し，それぞれ適した環境やアプリケーションが異なります．様々な技術について順番に説明していくだけでは，散漫で体系的に理解しにくい面があります．そこで本章では，IT プロジェクト管理でよく用いられる QCD フレームワークを用いて，IoT のデータ転送をクオリティ，コスト，デリバリの三つの観点から整理します．

3.1 IoT におけるデータ転送

IoT がモノのインターネットである以上，様々なデバイスやサーバの間でデータを流通させることは必要不可欠です．すべての役割を果たす全知全能のデバイスやコンピュータは存在せず，複数の機器が連携して動作することで所望の機能を実現するのです．すなわちデータ転送は，IoT の根幹をなす技術であるともいえます．実際に，前章で紹介した階層モデルにおいては，名前は異なりますがすべてのモデルでデータ転送を担うネットワークのレイヤが定義されています．

各階層モデルの構成とデータ転送機能について，図 3.1 にまとめてみます．

7 階層からなる IoT World Forum リファレンスモデルでは，レイヤ 2 のコネクティビティがデータ転送機能を担います．5 層モデルではトランスポート層，3 層モデルおよび ITU-T Y.2060 モデルではネットワーク層が，それぞれ該当します．なお，アプリケーション（層）はすべてのモデルに含まれているため位置をそろえて記載しましたが，必ずしもまったく同じ概念を指しているわけではない（大まかには同じですが），という点には注意が必要です．いずれの階層モデルでも，データ転送機能は物理デバイスと合わせて IoT の基盤となる必須のレイヤであることがわかります．

一口にネットワークといっても，実際には多種多様な構成要素や媒体，技術，プロトコルが存在します．適材適所という言葉があるように，それぞれ特徴が異なる

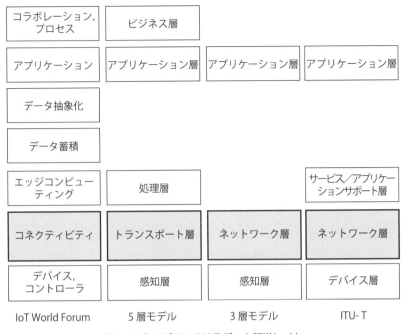

コラボレーション, プロセス	ビジネス層		
アプリケーション	アプリケーション層	アプリケーション層	アプリケーション層
データ抽象化			
データ蓄積			
エッジコンピュー ティング	処理層		サービス／アプリケー ションサポート層
コネクティビティ	トランスポート層	ネットワーク層	ネットワーク層
デバイス, コントローラ	感知層	感知層	デバイス層
IoT World Forum	5層モデル	3層モデル	ITU-T

図3.1 各モデルにおけるデータ転送レイヤ

様々な技術の中から適切なものを採用してシステムを構成することが非常に重要です．これは当然のようですが，本当にたくさんの関連技術があり，またどんどん新しい技術が開発されています．そのため基礎的な知識を身につけるのみならず，体系的な理解により設計のための思想・考え方のようなものを体得することが有効と考えられます．つまり，考え方そのものは陳腐化しにくいので，新しい技術を選択肢に入れたり，異なる条件に対応したりする必要が生じたときなどにも対応しやすくなるはずです．本書の後半では，それら多種多様な技術について解説を行っていきます．少しでも体系的に理解するため，本章ではIoTにおけるデータ転送機能について整理しながら記述します．

3.2 IoT の多様性

これまで触れてきたとおり，IoTという概念は非常に幅広くて抽象的です．個々のIoTアプリケーション／サービスに応じて，その構築や運用にはそれぞれ具体的な技術が用いられます．ただ，IoTの用途や利用環境，採用されるデバイスや技術は多岐にわたります．そのため一口にIoTシステムといっても，これはかなり

の多様性を含んだ概念なのです.

その多様性ゆえに,何らかの IoT システムを検討する際に「つねにこれをこうしておけば OK」といった最適な設計手法のようなものはありません.どのように構築・運用するのが最適かは,シチュエーションによって変わります.また適用可能な技術の候補も非常に多く,「よりよい」設計の検討が困難となります.もちろん上記は,情報システムについて一般にいえることでもあります.その中でも IoT については,その概念の曖昧さや多様性ゆえに,この傾向が非常に強いと考えられます.

多様な IoT システムに関し,状況に応じて有効な設計指針を与えることは,本書の目的の一つでもあります.さて,それでは IoT の多様性とは具体的にどのようなものなのでしょうか.少し考えただけでも,システムの目的,提供者(前章のビジネスモデル参照),利用するユーザ,使われるデバイス,システムの構成や採用される技術,規模(予算),利用環境(宅内,工場,屋外,…)など,様々な観点が挙げられます(図 3.2).上に挙げたような各要素について,それぞれ丁寧に検討していく方法もありますが,観点が多すぎて整理が難しくなってしまいそうです.そこで,ここではプロジェクト管理などでよく用いられる QCD というフレームワークを利用して,少し系統的に整理する試みを行ってみます.

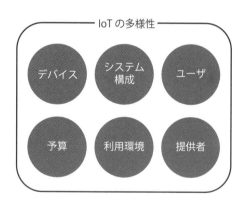

図 3.2　IoT の多様性に関する観点

3.2.1　QCD フレームワーク

QCD とは,Quality,Cost,Delivery の頭文字を並べたものです(図 3.3).プロジェクト管理などで重要な 3 要素として,従来からよく用いられるフレームワークです.用いられる分野によって意味合いが少し変わってきますが,以下では IT

図 3.3　QCD フレームワーク

システムのプロジェクト管理を想定して記述します．Scope の S と合わせて QCDS と表記されるなど，様々なバリエーションが存在するものの，基本的には使いやすい表記を用いればよいでしょう．なお Scope（スコープ）とは，そのプロジェクトの範囲のことです．いい換えると，対象と対象外の境目のことになります．このスコープは，利害関係者（ステークホルダ）の要求などに基づいて定められます．あらゆるプロジェクトにはスコープが存在し，スコープで定義されるプロジェクトの完了をゴールとします．いかに各種制約条件を満たしながら円滑にゴールするか，がポイントとなります．QCD とはプロジェクトの制約条件を表し，トレードオフが存在します．

　Quality とは品質のことです．システムが提供するべき機能であったり，各種の性能指標に関する目標を満たしているかが問われることになります．性能指標としては様々なものがあり，サービス継続性や可用性，スループットなど，システムのスコープに応じて具体的に目標値が定められることがあります．品質の要件を満たさなければ，そもそも目的を達成することができないため，最も重要な要素として扱われることが多いです．価格などが変わらないのであれば，品質は高ければ高いほどよいですが，場合に応じて必要とされる程度というものは存在します．わざわざ「価格などが変わらないのであれば」と書いたのは，必要以上に品質を上げた場合には相応のコストがかかるためです．抽象的な表現ですが，品質を 30 から 50 に上げるのと比べて，80 から 100 に上げるほうが一般には大変です．そのとき，「本当に 100 の品質が必要だったのか？」と問い直す視点というのは，場合によっては重要となります．もちろん契約などで要求品質を定めてしまった場合には変更が

難しくなってしまいますので，事前にきちんと検討することが必要です．

Cost とはコスト，すなわち予算の問題です．人件費，物品費，交通費，家賃など，プロジェクトにかかわるあらゆる費用がここに含まれます．プロジェクトの規模や目的に応じて定まる予算に対して，それに見合うコストで実施できますか，ということが問われます．これは単純に，お金をたくさん使えば簡単に解決することでも，実際にはそうもいかないという話であり，感覚的にもわかりやすいです．また，一定の予算の中で求められる品質を実現しなければならない，というトレードオフの関係が生じてきます．品質を高めるためには，通常はコストが多くかかるためです．

Delivery とはデリバリ（納期），すなわち時間的な制約を指します．プロジェクトがあらかじめ定めた期日までに遅滞なく完了すること，そして予定していた成果をタイムリーに得られることが必要です．いくら品質やコストの要件を満たしていても，必要なときに成果が得られなければ意味をなさない，ということを表しています．プロジェクト管理という観点では，完了に向けた工程のスケジューリングを適切に行うことが重要となります．デリバリにも，ほかの要素とのトレードオフがあります．品質を高めるためには時間がかかりますが，時間には限りがあります．繰り返しになりますが，いくら品質が高くても，完成までに時間がかかりすぎてしまっては意味がありません．また，人員を増やす，よい機材を使用するなど，一般的に進捗を早めるにもコストを要します．ですが，進捗を早めるためとはいえ，コストをかけすぎたら予算を超過してしまいます．

このように，QCD とは一般的な情報システムにかかわるプロジェクトの重要な制約条件を表すフレームワークです．

3.2.2 データ転送の再整理

さて，ここでは IoT におけるデータ転送を，上記 QCD フレームワークを用いて整理してみます．つまり IoT システムにおいてデータ転送の果たす役割と，その制約条件を少しブレークダウンしていきます．まず，IoT システムのスコープ，つまり対象とする範囲は多種多様です．スマートホーム，産業用 IoT，スマートシティ，環境モニタリングなど，やりたいことに応じて定まってきます．またシチュエーションに応じて，企業，自治体，一般ユーザなど，ステークホルダも様々です．そしてスコープの多様性があるからこそ，制約条件も多様化してきます．

以下では，IoT のデータ転送について，基本的な性能を表す「クオリティ」，インフラなどに基づき実現可能性や価格を表す「コスト」，到達性や手間を表す「デ

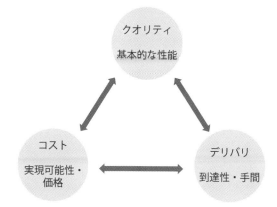

図 3.4　IoT のデータ転送に関するフレームワーク

リバリ」の三つの観点で整理してみます（**図 3.4**）．ただし，学術的な厳密性など
には目をつむり，様々な要素を少しでも系統的にすっきりさせることを目的とした，
あくまで便宜的な試みである点にはご留意ください．

3.3　データ転送とクオリティ

　まず最も基本となるのが，クオリティ＝性能の観点です．これはすなわち，どの
ようなデータを，どこへどのくらい送る必要があるのか，という要件のことです．
代表的な指標としては，データ量，リアルタイム性（遅延），双方向性，信頼性（ロ
ス率や再送）などがあります（**図 3.5**）．ネットワークの高速性が高いほど多くのデー
タを転送できますし，低遅延性が高いほどリアルタイムなデータ共有を実現できま
す．そのため性能としては「大は小を兼ねる」部分はあるのですが，一般的にリッ

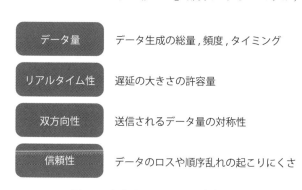

図 3.5　クオリティに関する性能指標

チなネットワークほどコストが高くなります．また，実際に配備したり運用したり
できるか，という問題も出てきます．なお，このあたりの制約については，次節以
降で詳しく述べます．まずは，各種性能指標についてもう少し詳しく触れておきま
す．

3.3.1 データ量

アプリケーションによって，生成・転送されるデータ量は大きく異なります．温
湿度計などにより取得されたセンサデータと，Web カメラにより撮影された動画
などでは，当然ながらデータサイズが大きく異なります．ただの数値やテキストの
ようなデータは小さく，動画像データはデータサイズが大きくなります．一般に，
データ量は単位時間あたりの量，すなわちビット/秒（= bit per second：bps）で
表されます．同じ 1 メガバイトのデータを生成するにしても，生成頻度が 1 秒ご
となのか 1 分ごとなのか，といったことによってデータの総量は大きく変わるため
です．

また総量のみならず，生成する頻度やタイミングなど，データ生成の時間方向の
分布も重要です．たとえば図 3.6 に示すように，定常的に少しずつデータが生成さ
れる場合と，ときどき大きなピークがくる場合とでは，様相が異なります．実際的
な影響としては，たとえ時間平均値が同じだったとしても，システムの許容量に差
が出てくることが考えられます．昼間は空いている電車も，朝の通勤ラッシュ時に
は超満員である，といったことと同様です．このように時間変動が大きいことを
「バースト性が高い」といいます．ピークの大きさは「バーストサイズ」，ピークの
間隔は「バースト間隔」などとよばれます．バーストサイズとバースト間隔はそれ

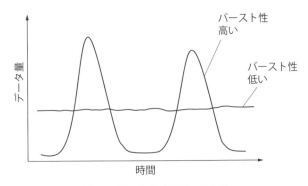

図 3.6　データ生成のバースト性

それ，規則的な場合もあれば不規則な場合もあります．

　ネットワークの通信レートは，媒体や通信方式により様々です．たとえば，同じ無線でも IEEE802.11ax（Wi-Fi 6）では理論上最大 9.6 Gbps であるのに対し，Bluetooth では 24 Mbps です．また，実環境では電波の干渉や減衰など様々な制約がありますので，実際の通信レートはもっと低くなります．必要な通信レートに応じて，採用する通信方式を選択する必要があります．ここで上記のように，特定のデバイスについてのみ考えるのであれば，当該デバイスの生成する最大バーストサイズに耐えられるようにネットワークのキャパシティを設定すれば十分です．しかしながらシステムの要求条件を検討する際には，一般的にネットワーク上には多くのデバイスが収容されることをも考慮する必要があります．つまり，複数デバイスのピークが重なれば巨大なバーストが生まれますが，一方でピークがズレれば平滑化されることになります．オフピーク通勤によって，ラッシュの混雑が緩和されるのと同じ原理ですね．このようにデータ量ひとつをとっても，時間分布まで考慮して考えるといった視点が肝要です．

3.3.2　リアルタイム性

　データ転送に求められるリアルタイム性も，アプリケーションによって大きく違います．リアルタイム性の要件は，取得されたデータをいつまでに処理する必要があるのか，に応じて定まります．たとえば，自動運転や機械の遠隔操作などであれば，非常に高いリアルタイム性が求められます．一方で，1 日に一度バッチ処理するようなデータであれば，処理の開始前までに到着すれば十分です．これは郵便を送るときに，なんでもかんでも速達で送る必要はない，ということと同様です．データ転送や処理に要する時間は遅延とよばれます．この遅延の大きさの許容量が，アプリケーションの要求条件に応じて定まることになります．

　ここで，ネットワーク上の遅延の構成要素を図 3.7 に示します．通信データの送信から目的地での受信に要するエンドツーエンド遅延は，経路上のネットワーク機器（スイッチやルータなど）におけるパケット処理により生じる処理遅延，各ネットワーク機器での転送待ち行列によって生じるキューイング遅延，そして信号の物理的な伝搬に要する伝搬遅延から構成されます．上記の構成要素のうち，処理遅延についてはネットワーク機器の高機能化などによって低減が可能ですが，伝搬遅延は信号の伝搬距離によって定まります．無線信号であれば約 3.33 μs/km，光ファイバ中であれば約 5 μs/km となることが知られています．そのため長距離の通信

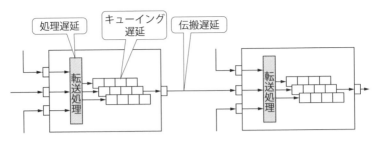

図3.7　ネットワーク上の遅延の構成要素

においては，この物理的な伝搬遅延が無視できない値となります．たとえば，太平洋を横断する海底ケーブル中の伝搬遅延は50 msを超えます．いわゆるクラウドサービスでは，ユーザの手元のデバイスと，遠隔地のデータセンタに設置されたクラウドサーバとの間で通信が行われることが多いため，この物理的な伝搬遅延が大きくなりがちです．こうした課題もあって，デバイスに近いところでデータ処理を行うエッジコンピューティングが流行するようになりました．

　また，メモリの低価格化に伴って，コンピュータやネットワーク機器に搭載されるメモリの大容量化が進みました．バッファメモリのサイズが増加することで，バースト耐性が高くなり，データ廃棄が発生しにくくなる利点があります．大量のデー

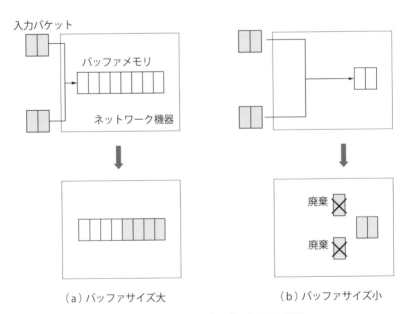

（a）バッファサイズ大　　　　　　　（b）バッファサイズ小

図3.8　バッファサイズとデータ廃棄の関係

タが到着した場合にも，メモリに蓄積しておき，順番に読み出すことができるためです．もしバッファサイズが小さければ，蓄積可能なデータ量を超過してしまい，バッファあふれによるデータ廃棄が生じます．バッファサイズを大きくすることで，このような事象があまり発生しなくなり，安定した通信を行えるようになります．上記のバッファサイズとデータ廃棄の関係についてのイメージを図 3.8 に示します．一方で，バッファサイズ増大の弊害として，バッファブロート（Bufferbloat）とよばれるバッファ遅延の増大があります．これはバッファに蓄積されるデータが増えることで，メモリ上での転送待ち時間であるキューイング遅延が増大する現象です．その対策としてデータ量を一定以下にキープするような，Active Queue Management（AQM）とよばれる手法も存在します．

　以上のように，要求されるリアルタイム性を実現するためには，主たる遅延の要因がどこにあるかを知り，適切にコントロールすることが重要となります．

3.3.3 双方向性

　データ転送の要件を検討する際には，データのやりとりに双方向性があるかどうか，またその度合いもポイントになります．イメージしやすい例を挙げれば，電話は双方向のコミュニケーションですが，ウェビナーのようなサーバからの動画配信は（ほぼ）片方向のコミュニケーションです（図 3.9）．これはそのまま，各方向に転送されるデータ量に直結します．また，インターネットブラウジングは通常，インターネット側のサーバから手元のデバイスへダウンロードする方向のデータ量が多く，非対称性が高いです．

　いまではあまり使われませんが，アナログ電話回線を用いて高速なデータ通信を行う手法として ADSL があります．日本では 2000 年代前半頃に普及し，ブロードバンドサービス展開の一翼を担った通信方式です．この ADSL の正式名称は

対称・双方向

非対称

図 3.9　コミュニケーションの双方向性

Asymmetric Digital Subscriber Line であり，日本語に訳せば非対称デジタル加入者線です．非対称と形容される名前のとおり，通信速度に非対称性があることが特徴です．回線の長さなどにもよりますが，下り（通信事業者の設備からユーザ宅への方向）では数十 Mbps の通信が可能であるのに対して，上り（ユーザ宅から通信事業者設備への方向）では数 Mbps しか出ないようになっています．これは，上述のように一般ユーザのインターネット利用では，アップロードよりダウンロードするデータ量が顕著に大きいため，効率的な通信を実現するために編み出された工夫です．

近年のモバイル回線でも，このように上り下りの通信レートに非対称性があることは一般的です．一方で，LPWA とよばれる長距離・低レート・低消費電力の無線通信規格などでは，そもそも下りの送信機会が限られていたり，上りのみの片方向通信しか提供されていないような場合もあります．このような規格は，遠隔地に設置したセンサが取得したデータの収集のみを行うような場合を想定しています．対象とする IoT アプリケーションにおける転送データの双方向性によって，どのような規格を採用すべきかが変わってくることがよくわかります．

3.3.4 信頼性
データ転送の信頼性とは，データのロスや順序の乱れが起こらないことを指します．データのロスとは大まかに，送信デバイスで物理的な信号として送出されたデータが，何らかの原因によって受信側で正常に復元できないことです．正常に受け取れないため，受信側から見れば失われた（＝ロス）ことになるのです．このような現象は様々な原因によって発生しますが，抽象的にはノイズ（雑音）とよばれます（図 3.10）．人と話しているすぐ近くを電車が通ると声が聞こえにくくなる，というのと同じようなことです．ノイズの具体例としては，デバイス内の電子の熱振動によって生じる熱雑音や，ほかのデバイスとの電波干渉などがあります．身近な例を挙げると，2.4 GHz 帯の Wi-Fi を利用している最中に近くで電子レンジを使う

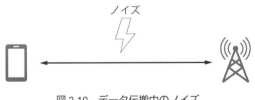

図 3.10　データ伝搬中のノイズ

と，通信レートが低下します．これは電波干渉のためであり，通信中のデバイスから見れば，電子レンジの発する電波がノイズになっているというわけです．

　ノイズによるエラーはつねに少なからず発生するため，信頼性を担保するため様々な対策が行われています．代表的な手法として誤り訂正符号があります．もともとのデータをほかのデバイスへ向けて送出する際には，通信路符号化とよばれる処理が行われます．これは，冗長なデータを付加して送信することで，受信側でエラーを含んだデータを受け取った際に誤りを検出し，さらに訂正も可能にする手法です．ただし，含まれるエラーが多すぎれば訂正できなくなってしまうため，当然限界はあります．

　また，もう一つの代表的アプローチが再送です．再送とは，文字どおり同じデータを送り直すことです．受信側が明示的に再送要求をする場合もあれば，一定の条件で送信側がロスと判断する場合もあります．再送により信頼性を実現する技術の代表格が TCP であり，その詳細は次章以降で記述します．信頼性は高いに越したことはありませんが，信頼性よりリアルタイム性を重視する場合にはあえて再送を行わないプロトコルも存在します．実際には，アプリケーションの特性によって定まる信頼性の要件に対応できるように，誤り訂正や再送などを複合的に用いることが求められます．具体例として，5G の URLLC（Ultra-Reliable and Low Latency Communications）では，「32 バイト以上のパケットデータ量の 99.999%以上の送信成功率」および「無線区間 1 ms 以下の遅延」を同時に満たすことが要件として定められています．

3.4　データ転送とコスト

　必要なクオリティを満たしたうえで，次に問題となるのはやはりコストです．コストは当然安いに越したことはありませんが，クオリティを上げるとコストも上がるのが一般的です．ただし一口にコストといっても，様々な費用が含まれます．単純に販売価格が最も安い製品を購入したら，あとで修理費用のほうが高くついた，といったこともあります．よって，初期投資の安さ以外の観点も考慮して検討する必要があります．

　ここでは，よく用いられる CAPEX，OPEX の概念を利用して，コストについて整理してみます．CAPEX（Capital Expenditure）とは設備コスト，初期投資を指す言葉であり，OPEX（Operating Expenditure）とは運用コストを指すものです．これらの関係について，図 3.11 に簡単なイメージを示します．時間軸に対して，

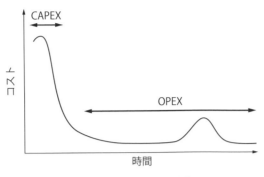

図 3.11　コストの時間変化

初期の投資が CAPEX，その後の運用コストが OPEX に該当します．ただし，便宜的なものなので，厳密な定義があるわけではありません．一般的に初期投資には大きな費用がかかります．これと比べると OPEX の値は小さいものですが，時間経過とともに継続的に発生する点には留意する必要があります．また，設備更改や修理などで一時的な費用が発生することもあります．

3.4.1　CAPEX

まず，IoT のデータ転送に関する CAPEX について取り上げます．IoT の一般的なシステム構成を簡易的に表したものが図 3.12 です．IoT デバイスはゲートウェイなどと接続され，インターネットを介してサーバと通信します．その際，デバイス側，リモートサーバ側ともに，ローカルなネットワークが構成されます．ただし，ゲートウェイを用いない場合もありますので，あくまでよくある構成です．

上記のようなシステムを構成するためには，デバイス，ゲートウェイ，サーバなど通信機能を備えた機器のみならず，各ローカルネットワークを構成する設備に加えて，両者をつなぐ回線なども整備する必要があります．また場合によっては，電源の確保や光ファイバ引き込みなどの工事が発生する場合もあります．つまり，受け皿となるインフラの整備状況なども考慮する必要があります．もともとインフラが整備されている地域，環境であればそれを利用することができますが，新たに整備が必要な場合にはかなりの費用がかかります．

また，システムのスケールや，ほかのシステムとの設備共用などの観点も考慮したほうがよい場合もあります．極端な例を挙げれば，個々のデバイスをそれぞれ LTE などに接続すれば，個々に回線が必要となります．一方で Wi-Fi アクセスポ

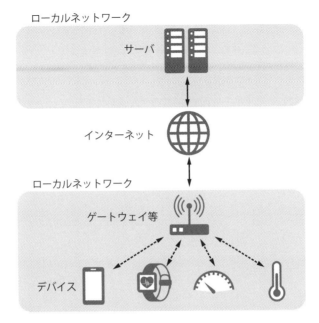

図 3.12　IoT の一般的なシステム構成

イントを一つ導入し，各デバイスはそのアクセスポイントに接続するようにすれば，デバイス数が増加するほど割安になるといえます．このような割り勘効果の大きさは，システムのスケールと直結します．もちろん，接続デバイス数が増えればパフォーマンスが低下するおそれもあるため，きちんとキャパシティを検討する必要があります．つまり，システム全体としての低コスト性と，クオリティ担保とのトレードオフがあります．

3.4.2　OPEX

　OPEX を構成するのは，おもにシステムの運用，メンテナンスにかかわるコストです．運用コストのおもな構成要素を**図 3.13** に示します．図のように，機器使用料，保守契約料，設備使用料，回線使用料，電気料金，保守人件費などが挙げられます．なお，機器の運用費については，レンタルなのか，リースなのか，購入した資産なのか，といった導入形態によっても大きく異なります．またそれぞれ，契約期間などに応じて割引のある契約なども存在することから，システムの運用スケジュールなどの計画にも応じた検討が必要となってきます．IoT システムは似たような機能を実現するにも多くの形態が考えられることから，このように様々な要素

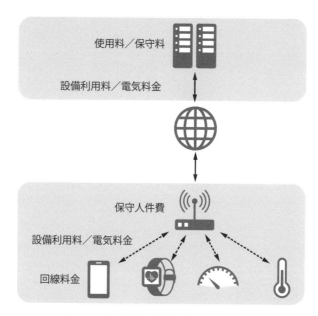

図3.13　システムの構成要素と運用コスト

を考慮して，総合的に予算とコストを検討することが必要です．

3.5　データ転送とデリバリ

　最後に，到達性や手間を表すデリバリの観点について述べます．英単語の Delivery は，日本語でいえば「配達する」「送り届ける」といった意味がありますが，IT 分野でも「データなどを相手方へと送り届ける」ような工程を指す用語として用いられます．本節では上記のニュアンスから，データ到達性，セキュリティ，ステークホルダの三つの観点について述べていきます（図 3.14）．ここでいうデータ到達性とは，距離や媒体や外部環境などによって定まる「データが（物理的に）無事に届くかどうか」とします．これは上述した信頼性に影響する要素ではあるのですが，通信媒体・方式などを選択する際に重要なポイントとなるため，便宜的に別建てとしました．

　セキュリティは，その名のとおり安全性です．次の項目とも関連するのですが，IoT システムのセキュリティは大きな課題となっています．マルウェアへの感染のほか，なりすましや中間者攻撃（Man-in-the-Middle Attack：MITM）など，様々な攻撃が存在します．このような攻撃を受けてしまうと，正しい相手と正しくデー

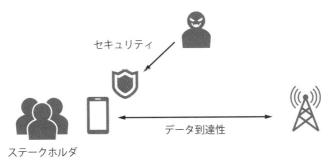

図 3.14　デリバリの三つの観点

タの送受信を行うことができなくなってしまいます.

　そしてステークホルダとは,要するにプロジェクトの関係者です.システムの構築者,運用者,利用者,対象地の地権者や管理者,行政など,様々な主体が関係者となり得ます.システムの構築者,運用者,利用者がすべて同じである場合(要するに自作)もありますし,利用者がお金を出して発注する場合もあります.関係者間のコミュニケーションや利害の調整,それぞれのスキルなどといったものが,実際にシステムを稼働させるまでに要する時間や,運用時の安定性などに多大な影響を与えます.以下では各観点について,もう少し詳しく述べていきます.

3.5.1　データ到達性

　先に述べたとおり,「データが(物理的に)無事に届くかどうか」をデータ到達性と表現しています.この物理的な到達性は,通信ノード間の距離,伝送媒体,通信方式,外部環境などによって定まります.第1章でも紹介した,代表的な無線通信方式のデータレートと通信可能距離をマッピングしたものを図3.15に示します.通信レートとしては数十 kbps から 100 Mbps〜Gbps オーダまで,幅広い規格が存在することがわかります.同じく,通信距離についても数十 cm から km オーダまで,様々な規格があります.ただし,いずれも規格上の目安であり,実環境ではこの限りではありません.

　無線信号の強さは,基本的には送信アンテナで送信されたときに最も強く,伝搬距離が伸びるほど減衰していきます.減衰すると受信側での復調・復号,すなわちデータの読み取り・復元が難しくなっていきます.そのため,同じ通信方式でもデバイス間の距離が遠くなるほど通信レートは低下します.所望のデータレートで通信するためには,それに見合った規格を採用したうえで,十分な強度で受信する必

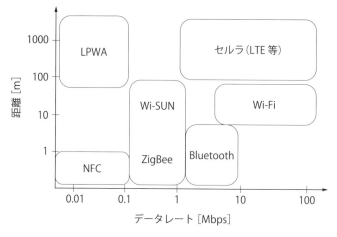

図 3.15　代表的な無線通信方式

要があるわけです．また，電波は干渉などのノイズによって SNR（Signal to Noise Ratio）が減少し，信号の受信強度が変わらなくても正しく信号を受信することが困難になる場合があります．ノイズの原因は様々で，環境によって大きく変動します．また，電波の種類によっては直進性が高いなどの理由により，障害物に遮られると信号を受信できないような場合もあります．こうした特性は，周波数の高いミリ波などで顕著に現れます．そのため，周辺の環境を調査するなど十分な準備を行ったほうが安全です．

3.5.2　セキュリティ

　IoT デバイスは様々な種類の攻撃リスクに晒されています．IoT のセキュリティは広く社会的な課題として認識されており，国内では総務省によってガイドラインも定められています．ここでは簡潔に要点を述べます．IoT 特有の性質として，IoT デバイスはライフサイクルが長く，また監視が行き届きにくいこと，ネットワークに接続しているため攻撃時の影響範囲が広いことなどが挙げられます．IoT デバイスの数は増加の一途をたどっていますが，初期パスワードを使うなど簡単な認証方法を用いていたり，管理が不十分なデバイスも多く存在します．そのような IoT デバイスに感染してボットネットを形成するマルウェアとして，2016 年に出現した Mirai が有名ですが，その亜種はいまなお増え続けています．形成されたボットネットは，攻撃者からの命令に応じて特定のターゲットに対しサービスを停止させ

る DDoS 攻撃を仕掛けます.

代表的なセキュリティリスクとしては，上記のマルウェア感染のほか，不正アクセス，盗聴，なりすまし，中間者攻撃，など様々なものがあります．たとえばデバイス間で通信する Device-to-Device とよばれる形態では，**図3.16** に示すように相手が正当なデバイスであるかを認証しなければ，不正デバイスからのアクセスのリスクがあります．また，物理的なデバイスの紛失や盗難，データ漏洩などのリスクもあります．その原因には人為的なミスもあるため，業務フローの適正化や管理体制なども重要となります．

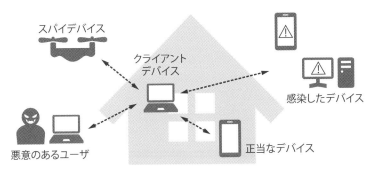

図 3.16　不正デバイスの脅威

3.5.3　ステークホルダ

最後になりますが，無事に，また円滑に IoT を配備し運用するためには，プロジェクトのステークホルダすなわち関係者を考慮することが非常に重要です．プロジェクトの性質に応じて，様々な主体がステークホルダとなり得ます（**図3.17**）．利用

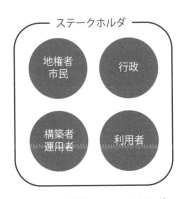

図 3.17　多様なステークホルダ

者のみならず，システムの構築者，運用者，さらに地域の住民や行政などが関係してくる場合もあります．立場の異なる主体が複数かかわる場合，利害関係のほか，不安や心配といったものが生じてくることもあります．本書では詳しく扱いませんが，円滑にシステムを導入・運用するためには，技術的なことだけではなく関係者の利害の調整なども重要となります．

　本書で扱うデータ転送に関連して重要となるのは，どのような設備を敷設することが可能であるか，あるいは利用者の技術レベルなどに応じて，採用すべき技術が異なってくることがある点です．すなわち，コストが安くてクオリティが高かったとしても，扱うのが難しかったりトラブルが起こりやすかったりするような技術も存在します．そんなとき，利用者が限定されていれば自己解決できる一方で，あまり詳しくない人が利用者となる場合には，そのような技術を採用することにはリスクがあります．少々コストが高くなるとしても，安定性が高く，セッティングや修理が簡易な手法を選ぶことも検討すべきだと考えられます．つまり，このような現実的な制約についても，ほかの制約条件とも合わせて検討することが重要です．

━━━━━━━━━━━━━━━━━━━━━━━━━━━━━ **第3章のまとめ**

　本章では，IoTにおけるデータ転送機能について，要求条件や検討のしかた，あるいは考え方の面から記述しました．IoTの基盤であるデータ転送を実現する技術として，非常に多くの関連技術があります．各技術のもつ特徴や制約がそれぞれ異なるため，制約条件の捉え方について，ここではクオリティ，コスト，デリバリという三つの観点から整理しました．重要なことは，シチュエーションに応じて適切な技術を採用し，目的をうまく達成することです．本章で記述した各観点を指針として，以降の章では各技術について詳しく述べていきます．

プロトコルスタック

　ここまでに，IoT におけるデータ転送機能の役割や要求条件について述べてきました．本章では，データ転送機能を担う通信ネットワークの基礎についておさらいします．データを機械的に送受信するための決まりごととしてプロトコルが定義され，それらを組み合わせたものがプロトコルスタックとよばれます．ここで扱う内容は，コンピュータ／電子機器の間でデータ通信を行うための一般的な話ですので，IoT に限ったことではありません．IoT 向けの技術などは次章以降で扱いますので，すでにご存じの方は本章を読み飛ばしてもかまいません．

4.1　プロトコル

4.1.1　プロトコルとは

　ここまでの章で書いてきたことの繰り返しになりますが，IoT とはモノのインターネットです．つまり，複数のデバイスがデータをやりとりして連携して動作することが前提となっています．そのようなデバイスとして，実際には様々な種類があり，作られた目的もメーカも異なるような，多岐にわたるデバイスどうしが，相互にデータを送ったり受け取ったりする必要があります．ここでポイントとなるのは，データを機械的に処理するためには，何らかの決まりごとが必要になる，という点です．これは，複数人が互いにコミュニケーションするためには，共通言語（あるいは共通認識）が必要であることと同じです．当たり前のことですが，お互いが好き勝手なことをしていてはコミュニケーションが成立しません．

　インターネットはもともと，アメリカの主要大学などをつなぐコンピュータネットワークである ARPANET と NSFnet を相互接続したネットワークとして，1980年代後半に成立しました．その後も，ほかのコンピュータネットワークと相互接続することで規模を拡大し，現在に至っています．そのため，インターネットには統一的な管理者のようなものは存在しません．あくまでも，様々なネットワークが相互に接続された巨大なネットワークの呼称にすぎないということです．ただし，インターネット上の住所である IP アドレスの配布など個別の項目については，管理

するための組織が存在します．この不特定多数の相互接続という特徴を実現するために取り決められた共通ルールを，プロトコルとよびます．

4.1.2 プロトコルスタック

デバイス間でデータを送受信するためには，何らかのプロトコルが必要であることを述べました．ただし，プロトコルには数多くの種類が存在し，それぞれ提供する機能も違えば対応している機器なども違います．前章で整理したような様々な要求を満たすようにシステムを設計・構築するためには，どのプロトコルを利用すべきかを適切に選択しなければなりません．また，プロトコルごとに設定すべきパラメタなども変わってきますので，採用したプロトコルに応じて適切な設定を行うことが必要になります．このためには，様々なプロトコルの特徴や制約などを理解しておく必要があります．

第2章ではIoTの階層モデルを紹介しましたが，通信機能も一般的に階層構造として整理されており，プロトコルスタックとよばれます．データ通信を実現する複雑な手順と，それを担う多様な機能を階層構造として表し，それぞれの機能を担当するプロトコルを定義します．そして，具体的なプロトコルの組み合わせとして通信機能を構成するのです．

上記のように機能ごとに分割した階層構造をつくるメリットとして，レイヤごとの機能が限定・シンプル化されるため，プロトコル単位の検討や実装が比較的容易になることがあります．また，あるレイヤでの変更がほかのレイヤに対して影響を及ぼさなくなる，といった点も大きなメリットです．つまり，一部の機能のみを変更するために，あるレイヤのプロトコルのみを入れ替える，といったことも可能になります．わかりやすくするための例として，電話によるコミュニケーションでたとえた概念図を，図4.1に示します．言語レイヤのプロトコルとして日本語とスペ

図4.1　電話によるコミュニケーションの例

イン語があり，電話機レイヤのプロトコルとしてスマートフォンと糸電話があると
します．このとき，各レイヤのプロトコルはそろっている必要がありますが，ほか
のレイヤの制約は受けません．つまり，スペイン語で話すとき，電話機としてはス
マートフォンを使っても糸電話を使ってもかまわないということです．

　本章ではまず，通信機能の階層構造について概説した後に，一般的によく用いら
れるプロトコルスタックである TCP/IP を例に，具体的なデータ通信の手順など
について解説します．なお繰り返しになりますが，TCP/IP の利用はとくに IoT に
限ったことではなく，インターネットを介したデータ通信において一般的に用いら
れているものです．

4.2　OSI 参照モデル

4.2.1　レイヤ構成

　ここからは，具体的な階層モデルについて記述していきます．通信の階層構造を
表す標準的なモデルとしてよく用いられるのが，図 1.8 や表 2.1 でも示した OSI 参
照モデルです．OSI は開放型システム間相互接続（Open Systems Interconnection）
の略称であり，国際標準化機構（ISO）によって制定されました．データ通信に求
められる複雑な機能を丁寧に整理した，理論的に優れたモデルであるといえます．

　OSI 参照モデルのレイヤ構成を，あらためて図 4.2 に示します．本モデルは 7 階
層からなります．下位のレイヤほど物理的な通信路に近い役割を，上位のレイヤほ
ど論理的な機能に近い役割をもっています．各レイヤの担う機能について，次節で
記述していきます．

図 4.2　OSI 参照モデル

4.2.2 各レイヤの機能[†]

レイヤ7：アプリケーション層

　通信を行うアプリケーションとユーザとをつなぐ役割を担います．ユーザから入力されたデータを送信するプロセスに回したり，受信したデータをユーザに提示したりします．抽象的でわかりにくいのですが，代表的なプロトコルである HTTP（Hypertext Transfer Protocol）を例にとるとイメージしやすくなります．HTTP は Web ブラウジングで利用されるプロトコルであり，普段あまりプロトコルなど意識しない人にも馴染みがあるものと思います．HTTP では，ユーザによる操作に対応したデータを取得するためのリクエストがクライアントから送信され，これを受けた Web サーバはレスポンスを返します．結果として，クライアントでは Web サーバからダウンロードされたデータをユーザに対して提示します．

レイヤ6：プレゼンテーション層

　プレゼンテーションという言葉には「表現」といった意味合いがあります．その意味が示すとおり，符号化・圧縮方式といったデータの表現形式にかかわる機能を提供します．データの暗号化や復号もこの層で行われています．

　たとえば，文字のエンコード方式にも様々なものがあり，UTF-8，Shift_JIS などが代表的です．複数のデバイス間で異なる文字コードを使用した場合，文字化けが発生し正しくデータを読み取ることができません．デバイス間で文字コードを統一できれば，このような問題は起こりません．データの表現形式をネットワーク共通の形式に変換し，異なる表現方式のアプリケーション間の通信を可能することが，プレゼンテーション層の役割です．

レイヤ5：セッション層

　一般的に，通信の開始から終了までを一つのセッションとよびます（図4.3）．セッション層の役割は，デバイス間のアプリケーションレベルでのセッションを管理することです．セッションを開始するための要求（リクエスト）や，それに応えるための応答（レスポンス）などが定義されます．特定のデバイス間で同時に複数のセッションを保持することも可能です．たとえば，Web ブラウザを複数起動して異なる処理を行うような場合が挙げられます．セッション層のプロトコルとして ISO

[†] ここでは都合上，これまでとは逆に，上位層から順に説明していきます．

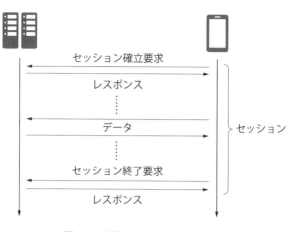

図4.3　通信セッションのイメージ

8327などが定義されてはいますが，独立して浸透したものはあまりなく，HTTPのようにアプリケーション機能の一つとして実装されることが多いです．

レイヤ4：トランスポート層

　トランスポート層の役割は，通信デバイス間（エンドツーエンドとよばれます）の通信管理です．つまり，途中で経由するネットワーク機器などの物理的な経路に依存しない，エンドツーエンドの論理的な通信路におけるデータの取り扱い方などを定義します．たとえば，データの到着順序の管理や到着保証，ネットワーク混雑（輻輳）によるデータ消失を防ぐための輻輳制御，これらを実現するためのコネクション管理などといった機能です．

　トランスポート層プロトコルとして代表的なものは，コネクション型のTCP（Transmission Control Protocol）と，コネクションレス型のUDP（User Datagram Protocol）です（図4.4）．TCPはエンドデバイス間でコネクションを確立し，信頼性を実現します．データが通信路上でロスしたと判断した場合には，同じデータを再送します．また，通信レートを向上させつつ輻輳を防ぐためにデータ送信量を調整する輻輳制御アルゴリズムなども実装されます．それに対しUDPは，コネクションを確立せずにデータを送信します．そのためデータの到達性は保証しませんが，そのぶんだり軽量であり，コネクション確立の手間がかからないため低遅延である，といったメリットがあります．

　これまで，インターネット上の通信ではTCPが多く用いられてきました．ただ

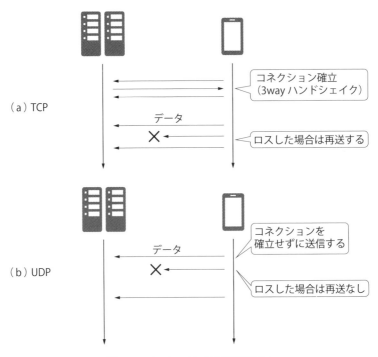

（a）TCP

コネクション確立
（3way ハンドシェイク）

データ

ロスした場合は再送する

（b）UDP

コネクションを
確立せずに送信する

データ

ロスした場合は再送なし

図 4.4　TCP と UDP の大まかな違い

し近年では，パケットエラーに伴うパフォーマンス低下現象であるヘッドオブライ
ンブロッキングや，コネクション確立時のハンドシェイク手順によるラウンドト
リップタイムの長さなど，TCP の課題が顕在化してきていました．この課題に対
して，Google が開発した QUIC は UDP ベースで動作し，高速にコネクションを
確立しながら，TCP のような信頼性や SSL/TLS と同等のセキュリティを実現して
います．QUIC は 2021 年に IETF（Internet Engineering Task Force）によって標
準化され，QUIC による高速な HTTP 接続は「HTTP/3」とよばれます．QUIC
はすでに Chrome などの Web ブラウザを中心に利用が広まっており，今後もさら
なる普及が見込まれます．このようなプロトコルの動向や詳細については，次章で
詳述します．

レイヤ 3：ネットワーク層

　レイヤ 4 以上が論理的な通信路を規定しているのに対して，レイヤ 3 以下では，
物理的な通信路を規定します（**図 4.5**）．ネットワーク層では，エンドツーエンド

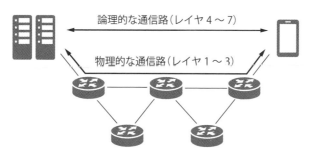

図 4.5 物理的な通信路と論理的な通信路

の転送経路を管理し，送信元から宛先まで正しくデータを転送します．具体的には，ネットワーク上の住所にあたるアドレス情報の管理や，経路を選択するためのルーティングなどの機能が含まれます．ネットワーク層の代表的なプロトコルとして，IP（Internet Protocol）や ICMP（Internet Control Message Protocol）があります．

　IP では，データはパケットとよばれる単位に小分けされて転送されます．これによって多くのデバイスが共用する回線の利用効率を向上させるとともに，何らかのエラーが生じた際にもその影響範囲を一部のパケットに抑えることができます．なお，このように消失したパケットの再送を行うのはトランスポート層プロトコルの役割です．IP ではエンドデバイスおよびネットワーク上の通信機器には IP アドレスが付与され，この IP アドレスを用いてパケットを中継します（図 4.6）．すべてのパケットに対して，送信元や宛先を表す IP アドレスの情報が付与されます．ネットワーク機器は IP アドレスごとの転送先情報を，経路制御表（ルーティングテーブル）として保持しており，これを参照することで次の転送先を決定します．このような手順については，次節以降で詳しく述べます．

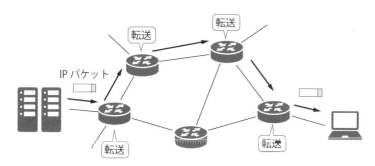

図 4.6 IP パケットの転送

レイヤ2：データリンク層

ネットワーク層がエンドツーエンドのネットワークを提供するものだったのに対して，データリンク層は物理的に接続されるローカルな範囲での通信を提供します．この関係性を図 4.7 に示します．インターネットでは一般に，エンドデバイス間の通信経路上には複数のデータリンク層ネットワークが含まれます．オフィスや家庭内などに構築されるデータリンク層ネットワークは，LAN（Local Area Network，ローカルエリアネットワーク）とよばれることが多いです．オフィスなどでよく用いられる有線 LAN では，イーサネット（Ehternet）とよばれる規格がよく用いられ，その具体的な仕様は IEEE802.3 にて定められています．また近年広く普及している無線 LAN（Wi-Fi）は IEEE802.11 により規格化されており，これは特定周波数の電波で通信を行います．なお，イーサネットにしても無線 LAN にしても，正確には次に述べる物理層をも含んだ規格です．これは，データリンク層は物理的な接続を前提としていることから，伝送媒体と完全に切り離して考えるわけにいかないためです．また，テレワークなどで広く利用される VPN（Virtual Private Network）で用いられる PPTP（Point-to-Point Tunneling Protocol）や L2TP（Layer 2 Tunneling Protocol）などのプロトコルも，このレイヤに該当します．

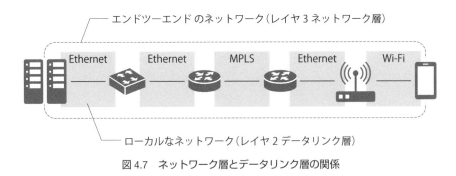

図 4.7　ネットワーク層とデータリンク層の関係

レイヤ1：物理層

物理層は，その名のとおり物理的な伝送媒体を指します．媒体としては，光ファイバや同軸ケーブルなどがよく用いられます．先述のイーサネットではツイストペアケーブルなどもメジャーですし，無線であれば空間が媒体となります．とくに無線の場合には，信号は電波に載せられ，アンテナから空間へ放射されます．その信号を載せる周波数（搬送波）や，情報を伝送可能な量（帯域幅）は，物理的な制約

を受けて規格化されるとともに，各国の法律でも制約されることがあります．通信に利用しやすい周波数はある程度限定されていることから，ある意味ですべての人にとっての共有資源であり，好き勝手に使えるわけではないためです．

4.3 TCP/IP 階層モデル

4.3.1 標準化と RFC

OSI 参照モデルと同様の階層型プロトコルのモデルとして，TCP/IP 階層モデルがあります．現在のインターネットで実際に用いられるアプリケーションのほとんどは，OSI 参照モデルではなく，この TCP/IP 階層モデルに準拠しています．これは，OSI 参照モデルは通信に必要な機能を理論的にきれいに整理する，ということに重きを置いているのに対して，TCP/IP 階層モデルは実装することを重視している，という違いがおもな要因です．OSI 参照モデルが ISO で標準化されているのに対して，TCP/IP 階層モデルは IETF で標準化が行われています．IETF におけるプロトコルの標準化プロセスでは，そのプロトコルが実装され，実際に動作する機器が存在することが求められます．そのため，プロトコルの検討から実装，販売までのスピードが速く，TCP/IP 階層モデルに準拠した製品が流通するようになったといえます．

IETF によって検討・策定された仕様は，RFC（Request For Comments）として発行されます．ここでは詳しくは述べませんが，RFC には様々なものがあります．各文書に一意の番号が振られ，特定できるように管理され，インターネット上に公開されています．TCP/IP 階層モデルにかかわるプロトコルは，基本的にはすでに発行された RFC のいずれかに記載されており，それらを参照することで誰でも，各プロトコルを理解したり，実装したりすることができます．

4.3.2 レイヤ構成

TCP/IP 階層モデルを図 4.8 に示します．わかりやすくするため，OSI 参照モデルとの対応関係も図示してあります．OSI 参照モデルの最下位層である物理層にあたるハードウェアの部分は，TCP/IP 階層モデルでは明示的には扱われませんが，便宜的に記してあります．OSI 参照モデルのレイヤ 2 であるデータリンク層およびレイヤ 3 であるネットワーク層に該当するのは，それぞれネットワークインタフェース層，インターネット層です．これらのレイヤは，基本的に名称が異なるだけで，定義されている機能は同じです．またレイヤ 4 のトランスポート層について

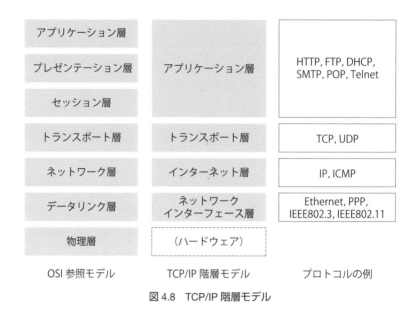

OSI 参照モデル	TCP/IP 階層モデル	プロトコルの例
アプリケーション層	アプリケーション層	HTTP, FTP, DHCP, SMTP, POP, Telnet
プレゼンテーション層		
セッション層		
トランスポート層	トランスポート層	TCP, UDP
ネットワーク層	インターネット層	IP, ICMP
データリンク層	ネットワークインターフェース層	Ethernet, PPP, IEEE802.3, IEEE802.11
物理層	（ハードウェア）	

図 4.8 TCP/IP 階層モデル

は，名称も機能もまったく同じです．大きく異なるのはレイヤ5以上であり，こちらは TCP/IP 階層モデルではアプリケーション層という一つのレイヤになっています．セッション層以上の機能は，個々のアプリケーションによって実装される，と大まかに理解しておけば問題ありません．たとえば HTTP でいえば，セッション確立や文字コードの変換，動画の圧縮形式なども含めて，アプリケーション側で処理するのが一般的な実装です．

　TCP/IP というプロトコルスタックの名称のとおり，TCP と IP はそれぞれ，TCP/IP 階層モデルにおけるトランスポート層，インターネット層の代表的プロトコルです．しかしながら，図 4.8 に示すように，TCP と IP 以外にも多くのプロトコルが存在します．つまり TCP/IP 階層モデルとは，TCP や IP というプロトコルを含む，様々なプロトコルから構成されるプロトコルスタックです．以後は，これを単に TCP/IP とよびます．なお，OSI 参照モデルのレイヤをまとめる意図でこのようなレイヤ構成になったわけではなく，あくまで結果的にこのような対応関係になっていることを書き添えておきます．また，流通している機器で採用されていないから OSI 参照モデルは不要，ということでもありません．OSI 参照モデルは理論的に丁寧に構築されたモデルであるため，基礎知識の習得や，システム仕様の検討などの際には，いまなおよく用いられています．

　IoT 向けのプロトコルや無線通信技術には，この TCP/IP に則ったものもあれば，

そうでないものもあります．TCP/IP を採用しない無線通信技術を用いた場合，TCP や IP を一切用いなくてもローカルなデバイスどうしで通信を行うことはできます，ただし，インターネットは TCP や IP で動作していることから，インターネットを介してデータ転送を行う場合には，何らかのゲートウェイ等を用いて TCP/IP に載せ換える，といった処理が必要になります．地方のローカル線では専用の IC 乗車券を用いるけれど，東京へ出るときにはターミナル駅での乗り換えから Suica を使う，みたいなイメージかもしれません．あるいは，Suica を利用できる路線が増えていっても，ローカルな路線では専用のプロトコルを用いる必要がある，という見方をしてもよいと思います．いずれにせよ，TCP/IP は現在のインターネットにおいて採用されているプロトコルスタックであるため，まずは基礎知識として，TCP/IP について知っておく必要があります．

4.3.3 パケット交換とアドレス

　TCP/IP の基本的な考え方として，アドレスを用いたパケット交換という概念があります．とても基本的な事項なので，ここではまず，これらについて記述しておきます．

パケット交換と回線交換

　TCP/IP では，パケット交換という方法を採用しています．そもそも交換とは，限りある通信回線リソースを多くの利用者，デバイスで共用するための仕組みです．昔ながらの電話回線においては，図 4.9 に示す回線交換が採用されていました．加入者の固定電話に対して，電話局から 1 本ずつ回線を引いてあり，電話局どうしは複数の回線で接続されています．そしてユーザが電話をかけると，電話局で回線をつなぎ変え，相手の電話まで物理的に回線を接続します．このとき，電話 1 呼が回線 1 本を占有利用するため，ある電話局が同時に扱うことのできる電話の数は，ほかの電話局への回線数によって制限されます．その代わりに，つながってさえしまえば，回線を占有しているためほかの電話の影響を受けることはありません．

　これに対して，回線を占有利用しないのがパケット交換です．インターネットでは，接続されるデバイス数が非常に多く，また各デバイスの通信レートがそこまで高くない場合も多いです．たとえば 100 Mbps の回線を，1 Mbps の通信アプリケーションが占有していたとしたら，残りの 99 Mbps は未利用のままとなり，非常に効率が悪くなります．よってパケット交換方式では，送信データをパケットとよば

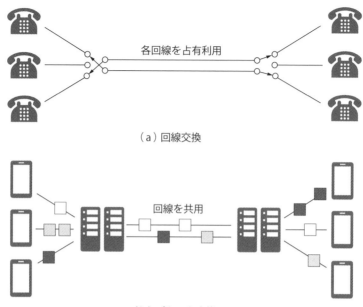

（a）回線交換

（b）パケット交換

図 4.9　パケット交換と回線交換

れる単位に分割し，各パケットにヘッダという荷札のようなものを付与して送信します．ルータなどの中継機器では，パケットヘッダに記載された宛先アドレスなどを参照して，パケットごとに転送処理を行います．この手法では，回線を占有することがないため，数多くのデバイスで通信路を共用することができ，回線を効率的に利用できるというメリットがあります．ただしデメリットとしては，ほかの通信の影響を受ける可能性があることが挙げられ，たとえば回線が混雑した際には遅延が増大する恐れがあります．

パケットヘッダ

　上述のように，デジタルデータはパケットとよばれる単位で転送・処理されます．このとき，パケットは大きく分けてヘッダとペイロードから構成されます（図4.10）．ヘッダとは宛先や送信元などの制御情報を記載する部分であり，ペイロードはデータ本体です．なお，最後尾にエラーチェックなどに用いるトレーラを付与することもあります．

　ヘッダに記載する内容やビット数などは，プロトコルに応じて厳密に定められて

図 4.10　パケットとヘッダ

おり，機械的に処理されます．郵便はがきの上部に郵便番号を記入する 7 桁の空欄
がある，といったことと同じです．つまりヘッダの中身はプロトコルごとに異なる
のですが，ヘッダというものを用いてパケット転送を制御する，という手法そのも
のは非常に一般的である，ということです．

IP アドレス

　ここでは，TCP/IP の主要プロトコルである IP において用いられる IP アドレス
について記述し，それを通してパケット転送の概要を説明します．IP はレイヤ 3
ネットワーク層に属する代表的なプロトコルで，最も基本的な機能であるパケット
を相手に転送するための役割を担っています．この IP でパケットの送信元や送り
先を特定するための住所，すなわちアドレス情報として用いられるのが，IP アド
レスです．

　2024 年現在，IPv4 と IPv6 の二つのバージョンが利用されています．最大の違
いは，それぞれがもつアドレスの数（アドレス空間の大きさ）です．IPv4 アドレ
スは 2 進数表記で 32 ビットで構成されるため，表現可能なアドレス数が少なく（2
の 32 乗 ＝ 約 43 億個），デバイス数の増加に従ってアドレス数が枯渇し始めまし
た．これに対して，IPv6 アドレスは 128 ビットの 2 進数からなるため，2 の 128
乗 ＝ 約 340 澗（1 澗は 1 兆 × 1 兆 × 1 兆）のアドレスを利用でき，事実上，無制
限にアドレスを利用できます．長い時間をかけて，徐々に IPv6 への置き換えが進
んでいますが，当面は並存していくものと思われます．

　また IPv4 には，馴染みがあったり，表記や判読がしやすいといった学習の観点
でのメリットがあります．そこでここでは，図 4.11 に示すように IPv4 アドレスを
用いて簡潔に要点だけを記述します．IPv4 アドレスは 32 ビットからなり，人間に
よる可読性を高めるため 8 ビットごとに分けて 10 進数で表記（たとえば，
「192.180.1.1」など）されます．32 ビットを二つに分け（たとえば 24 ビットと 8 ビッ
ト），先頭側がネットワーク部，後半がホスト部となります．ネットワーク部とは，

図 4.11　IP アドレスとサブネットマスク

その名のとおりネットワークそのものを表し，ホスト部はネットワーク内のデバイスを特定します．人名でたとえれば，ネットワーク部は苗字にあたり，ホスト部は名前にあたるといえます．ネットワーク部とホスト部を分割する方法として，サブネットマスクが用いられます．サブネットマスクも 32 ビットからなるビット列であり，ネットワーク部にあたる桁を 1，ホスト部にあたる桁を 0 とします．サブネットマスクの表記方法には，10 進数表記とプレフィックス表記の 2 通りが存在します．たとえばネットワーク部が 24 ビットである場合，10 進数表記では 255.255.255.0 となり，プレフィックス表記では/24 となります．これらは単純に表記方法の違いであり，意味には違いがありません．

　ルータはパケットヘッダに記載してある宛先 IP アドレスを参照し，そのネットワーク部の値に基づいて当該パケットの転送処理を行います（図 4.12）．このような方法は，32 ビットすべてを参照せずともアドレスの検索や転送処理を実行できるため，ルータの負荷軽減に寄与しています．ホスト部については，あるネットワークの中では自由に割り当てることができます．ただし，ホスト部がすべて 0 あるい

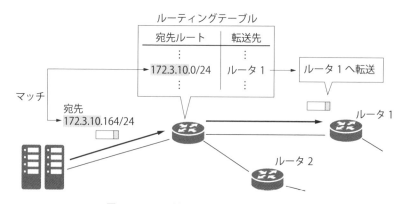

図 4.12　IP アドレスを用いたパケット転送

は1のアドレスは特殊なアドレスとして予約されており，ホストには割り当てられません．前者は「ネットワークアドレス」とよばれネットワークそのものを表し，後者は「ブロードキャストアドレス」とよばれ，すべてのホストにパケットを送信するために用いられます．

また別の観点として，IPアドレスには，グローバルアドレスとプライベートアドレスの2種類があります．グローバルアドレスとは，世界で唯一のアドレスとなるものであり，正式に申請して割り当てられます．これに対し，プライベートアドレスはローカルな（インターネットに直接接続されていない）ネットワーク内で自由に利用してよいアドレスです．プライベートアドレスが用いられる理由としては，アドレスを効率的に利用すること，セキュリティを担保すること，などがあります．組織内でプライベートアドレスの割り振られたデバイスからインターネットに接続するためには，グローバルアドレスへのアドレス変換が行われる必要があり，これをNAT（Network Address Translation）とよびます（図4.13）．

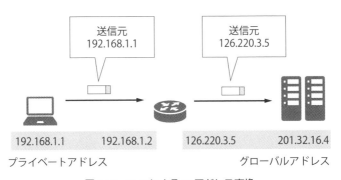

送信元
192.168.1.1

送信元
126.220.3.5

| 192.168.1.1 | 192.168.1.2 | 126.220.3.5 | 201.32.16.4 |

プライベートアドレス　　　　　　　　　　グローバルアドレス

図4.13　NATによるIPアドレス変換

IPアドレスが1と0からなるビット列であることはすでに述べましたが，たとえば私たちがWebブラウザを使ってインターネット上のWebページにアクセスする際には「http://〜」などから始まるURLを用います．これは，DNS（Domain Name System）という仕組みにより，インターネット上のホスト名や電子メールのアドレスに用いられるドメイン名と，IPアドレスとの対応づけ変換がさらに行われているためです．つまり，ドメイン名は人間が利用しやすいように文字情報として設定されていますが，コンピュータ間での実際のアクセスに用いられているのはIPアドレスなのです．このドメイン名とIPアドレスとの対応づけを担うのがDNSです．

4.4 カプセル化とパケット転送手順

4.4.1 カプセル化

　ここでは，TCP/IP における通信の手順について，もう少し詳しく説明しておきます．次章以降の解説のベースとして必要なためです．

　TCP/IP では，通信に必要な機能がレイヤ構造として定義されていることはすでに説明しました．各レイヤでは，そのレイヤに関係する処理のみを行い，ほかのレイヤが行う処理には立ち入らず，他レイヤの情報も基本的には参照しません．そうした考え方に基づいて通信機器を動作させるために用いられるのが，カプセル化という手法です．すなわち TCP/IP では，データに対してレイヤごとのヘッダを順番に付加しながら直下のレイヤに受け渡し，マトリョーシカのような入れ子構造を作ります．こうした入れ子構造化のことをカプセル化とよぶのです．図 4.14 に示すように，上位層から順番にカプセル化を行いながら，下位層へとデータを受け渡してパケットを生成します．

図 4.14　カプセル化のイメージ

　このカプセル化によって，各レイヤでは該当するヘッダのみを付与したり参照したりすれば済みます．そのため，各階層の機能が少なく，処理や実装が簡略化されるというメリットがあるのです．

4.4.2 パケットフォーマット

　上記のカプセル化によって生成される，TCP/IP における典型的なパケット構造の一例を図 4.15 に示します．トランスポート層には TCP を用い，データリンク層はイーサネットで構成した場合です．本来送りたいデータに対して，上位のレイヤから順にヘッダが付与されていきます．すなわち，送信データに対して，TCP ヘッ

Ether (L2)	IP (L3)	TCP (L4)	App. (L5〜7)	データ

図 4.15　TCP/IP における典型的なパケット構造

ダ → IP ヘッダ → イーサネットヘッダという順番でカプセル化が行われます．各ヘッダには，各レイヤの処理で必要となる情報が格納されています．TCP ヘッダにはデータの順序番号や再送制御に関する情報，IP ヘッダにはエンドツーエンドのパケット転送に必要な IP アドレスに関する情報，イーサネットヘッダには LAN 内のフレーム転送に必要な MAC アドレス関連の情報，といった具合です．

ヘッダはあくまで制御情報であり，本来送りたいデータの伝送には直接寄与しません．そのため，伝送効率を下げる要因ともなり，これをオーバーヘッドとよびます．たとえば上記の例では，イーサネットフレームにおけるペイロードの最大サイズは 1500 バイトと定められています．そのうち IP ヘッダが 20 バイト，TCP ヘッダが 60 バイトだったとすると，本来送信したいデータは 1420 バイトとなります．一般的にはヘッダに記載する情報が増えるほど，きめ細かな制御ができるのですが，伝送効率を高めるという観点ではトレードオフの関係があります．伝送レートの限られた通信線を使うような場合には，このような伝送効率がボトルネックになってくることもあり得ます．よって，利用するプロトコルを考える際には，そのプロトコルの提供する機能に加えて，ヘッダ長などのオーバーヘッドについても考慮する必要があります．

4.4.3 パケット転送手順

ここまでに説明したパケット転送の手順について，一度整理しておきましょう．図 4.16 に示す事例を用いて，順を追って記載します．インターネット上のサーバから，LAN 内のクライアント PC に対してパケットを送信します．

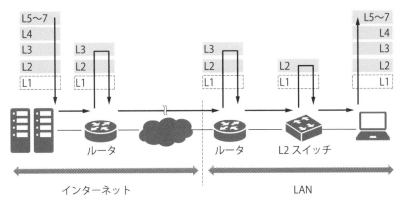

図 4.16 パケット転送の流れ

まずサーバでは，OSI 参照モデルのレイヤ 5 〜 7（L5 〜 7）にあたるアプリケーションプログラムのデータを，上位レイヤから順番にカプセル化していきます．つまり，レイヤ 4（L4）にあたるトランスポート層では TCP などのヘッダ，レイヤ 3（L3）にあたるインターネット層では IP ヘッダ，レイヤ 2（L2）にあたるネットワークインタフェース層ではイーサネットなどのヘッダを付与します．このとき，宛先 IP アドレスは目的地のクライアント PC の IP アドレスを指定します．ただし，先述の NAT が適用されている場合には，LAN 内で設定されたグローバル IP アドレスを記載することとなります．カプセル化されて作成されたパケットは，ネットワーク上へと送出されます．

　次に，各ルータでのパケット転送について見てみましょう．ルータとはそもそも，レイヤ 3 で動作し，パケットの IP アドレスを用いてエンドツーエンドのパケット転送を行うための機器の名称です．ルータは IP アドレスと転送先ポートの対応表であるルーティングテーブルを備えており，受信したパケットのヘッダに記載された宛先 IP アドレスをルーティングテーブルから検索し，適切なポートから送出します．つまり，受信したパケットをインターネット層まで受け渡し，次の転送先を決定して新たに次のネットワークインタフェースに対応したヘッダを付与して送出します．なお，このとき用いられるルーティングテーブルは，一般的には専用のプロトコルを用いて自動的に作成されます．ルーティングプロトコルにも様々なものがありますが，RIP（Route Information Protocol），IGRP（Interior Gateway Routing Protocol），BGP（Border Gateway Protocol）などが有名です．ほかのルータとの間で経路情報を交換し，IP アドレス（ネットワークアドレス）ごとの転送先ポートを計算します．

　LAN にたどり着いたパケット（イーサネットフレームなど）は，レイヤ 2 スイッチなどにより中継されます．レイヤ 2 スイッチは，ネットワークインタフェース層（OSI 参照モデルではデータリンク層）で動作する機器の名称です．受信したフレームの MAC アドレスを参照し，適切なポートに対してフレームを送信する機能を備えます．図 4.16 に示したとおり，ここではインターネット層の情報を用いません．なお，レイヤ 2 スイッチは通常はルーティングプロトコルを用いず，受信したフレームの MAC アドレスを用いて転送先を学習します．つまり未知の送信元 MAC アドレスについては，その受信ポートを学習することで，MAC アドレスとポートの対応関係をフォワーディングテーブルに記録します．また，宛先 MAC アドレスが未知の場合にはすべてのポートに対してブロードキャストを行います．

宛先のクライアント PC がデータを受信すると，下位から上位レイヤへ向けて処理を進めます．まず，受信したフレームの宛先 MAC アドレスが自分であるかを確認し，次のレイヤへと受け渡します．インターネット層では，宛先 IP アドレスなどの確認を行い，ヘッダを除去してさらに上位レイヤへと渡します．トランスポート層ではポート番号を用いて通信アプリケーションを識別します．最終的に，すべてのヘッダを外したデータが，受信側のアプリケーションに届きます．

　さて，パケット 1 個の転送の流れについては以上なのですが，ここで少しだけ，もう少し大局的な通信の流れについても記述しておきます．送信データがパケット 1 個で済むことは稀であり，通常は複数のパケット送受信を含む一連の通信となるためです．そのようなエンドツーエンドの制御を担うのはトランスポート層であり，ここでは TCP を例に説明します．TCP のコネクション管理の大まかな流れを図 4.17 に示します．TCP では，まずコネクションを確立します．つまりコネクション確立を要求するメッセージを相手に送り，その可否を返答します．無事にコネクションが確立されるとデータ送信を開始しますが，このときデータの位置を表すシーケンス番号を付与します．このシーケンス番号を用いることで，受信側ではデータの順番や，抜けているデータがあるかどうか，などを知ることができます．そして，パケットロスなどにより未受信となっているデータについては再送，すなわちもう一度送ります．すべてのデータ送信が終わると，専用のメッセージを用いてコ

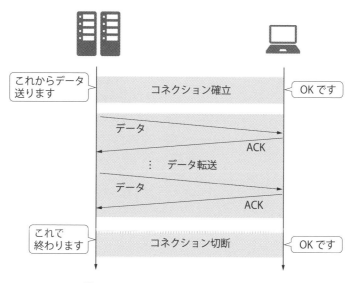

図 4.17　TCP のコネクション管理の流れ

ネクションを終了します．

　なおトランスポート層においては，ポート番号を用いて通信アプリケーションを識別します．ポート番号は 16 ビットの整数であり，0 番〜65535 番まであります．つまり，あるクライアントとサーバ間において，異なる通信（たとえば HTTP と FTP など）を並行して実行することができるのは，これらの通信をポート番号によって識別できるからです．とくによく使われるプロトコルについては，使用するポート番号があらかじめ定められているものがあり，これをウェルノウンポート（well-known port）とよびます．代表的なものとしては，HTTP で使う 80 番，FTP の 20 番と 21 番，SMTP の 25 番，DNS の 53 番などがあります．

––– 第 4 章のまとめ

　本章では，データ転送機能を担う通信ネットワークの基礎についておさらいしました．データを機械的に送受信するための決まりごとであるプロトコルの概念と，データ通信を実現する手順を担う各機能を階層構造として表したプロトコルスタックについて記述しました．また，代表的な階層モデルである OSI 参照モデルと，インターネットで広く利用されている TCP/IP について紹介しました．これらはコンピュータネットワークや情報システムに関する基礎知識であり，とくに IoT に限った内容ではありませんが，モノのインターネットである IoT について理解したり，適切な設計を行うためには欠かせない知識だといえます．以降の章では，本章で記述した基礎的な事項をベースとして，とくに IoT 向けのプロトコルや無線通信技術について解説していきます．

Chapter 5 IoT 向けのプロトコル

　本章では，IoT に適した，あるいは利用しやすいプロトコルについて述べていきます．ここではとくに，上位レイヤのプロトコルに着目します．前章までで述べてきたように，IoT システム／アプリケーションといっても，実際には多種多様なものがあります．それぞれの特性に応じて適する，あるいは適さないプロトコルというものが定まってきます．当然ながら予算や電力，ネットワークやコンピューティングのリソースには制限がある場合が多いため，条件に見合ったプロトコルを使うことがポイントとなります．リソースを湯水のように使うプロトコルでは，システムが狙いどおりに動作しなくなるかもしれません．よってここでは，システム設計の指針となるような，各種プロトコルの特性や設計思想の違いなどを体系的に理解することを目的とします．

5.1　IoT とプロトコルスタック

5.1.1　TCP/IP とゲートウェイ

　簡単に「IoT でよく用いられる」といっても，実際には本当に様々なプロトコルがあります．そのため，ただそれらの説明を機械的に羅列していくだけでは，辞典のようなものになってしまうでしょう．本書ではそれを避けて，できるだけ体系的に整理して，システムを作る際の考え方や技術の選び方などを身につけられるようにします．

　前章において，インターネットで一般的に用いられているプロトコルスタックである TCP/IP について記述しました．IoT のプロトコルの理解において一つのポイントとなるのは，直接インターネットに接続するデバイスと，ゲートウェイを介して接続するデバイスが存在することです．ユーザとして利用するうえではあまり意識する必要はないのですが，システムの構成としては大きく異なります．前者はデバイス自体が TCP/IP のプロトコルを利用しており，インターネット上のサーバ等と直接 IP パケットをやりとりすることができます．たとえば，スマートフォンなどのデバイスで Wi-Fi を使う場合などがこれにあたります．一方で後者は，デ

バイス自体は非 TCP/IP のプロトコルで無線通信を行うため，ゲートウェイを介してプロトコルを変換したうえでインターネットへと接続します．代表的なものとして，Bluetooth による通信などが挙げられます．これらの関係を，**図 5.1** に示します．どちらの方式がよいといったことはなく，目的や環境に応じて適切に使い分けを行うことが肝要です．

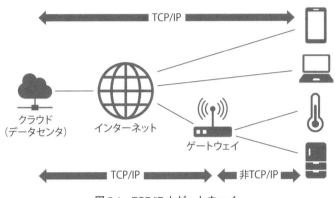

図 5.1　TCP/IP とゲートウェイ

5.1.2　プロトコルと無線通信技術

IoT では，その特性から無線通信が多く用いられます．本章と次章で記述する内容について整理するために，よく用いられる代表的な無線通信技術を**図 5.2** に示し

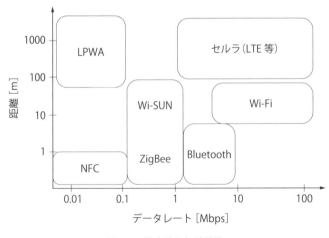

図 5.2　代表的な無線技術

ます（図 3.15 の再掲）．図ではデータレートと距離によってマッピングしてありますが，第 2 章でも触れたとおり，価格や消費電力など，ほかにも様々な観点があり，非常に多くの通信方式・プロトコルが存在します．Wi-Fi などの通信レートが高いものもあれば，LoRaWAN などに代表される LPWA のような通信レートが低く低消費電力・低コストな技術もあります．

　強調しておきたいのは，下位レイヤの（物理層に近い）プロトコルは，物理的な媒体に紐づくという点です．IP を用いるかどうか，すなわち上述したゲートウェイを介するか否か，といったことも，採用される無線通信技術によって定まります．このような無線通信技術については次章で詳しく紹介するとして，本章ではおもに，OSI 参照モデルにおけるレイヤ 4 以上のプロトコルについて述べていきます．繰り返しとなりますが，本書の目的は IoT 向けのデータ転送技術を体系的に学び，システムの設計や運用の思想を醸成することです．各プロトコルの詳細な仕様や具体的な使い方などについては，ほかの書籍やマニュアルにゆずります．

5.2 HTTP/3

5.2.1 HTTP/3 とは

　今日のレイヤ 4 以上のプロトコルについて議論するうえで欠かせないのが，HTTP/3 に関する動向です．HTTP/3 は，IoT というよりはおもに Web ブラウジングなどを主体とするユーザの通信の高速化のために開発されてきたもので，その文脈で語られることが多い技術です．とはいえ，インターネットの利用という観点では，IoT の基礎知識としても知っておくべき事項であると考えられます．

　デバイスの性能向上とネットワーク帯域の拡大に支えられて，インターネット上のコンテンツは増加を続けてきました．その中で，静的な HTML ファイルのみならず，画像・動画や各種スクリプトなどが多く配置されるようになり，ページあたりのデータ量も増大を続けています．また，マーケティング等の観点からも，Web ページの表示速度の重要性が広く認識されるようになってきました．ユーザ数やデータ量の伸びとともに，Web 高速化のニーズは高まり続けてきたといえます．

　この要請に対して，2010 年代に HTTP/2 が RFC7540 として標準化されました．HTTP/2 の特長は，一つの TCP コネクションで複数のファイルを同時に送信できることです．これは Google が開発した SPDY とよばれる技術を継承した手法であり，たとえば画像の多い Web サイトの表示を大幅に高速化できます．

　そしてさらに，HTTP/2 の限界を打破するため，2015 年頃から HTTP/3 につ

いての議論が始まりました．HTTP/3 とは，トランスポート層プロトコルとして，従来の TCP の代わりに QUIC を利用することで，さらなる高速化を図るものです．このことは，「HTTP/3」とよばれるようになる前は「HTTP over QUIC」と呼称されていた，という経緯にも如実に表われています．QUIC は 2021 年に IETF によって標準化され，すでに Chrome などの Web ブラウザを中心に利用が広まっており，今後もさらなる普及が見込まれます．

5.2.2 HTTP/2 の課題

　QUIC について詳述する前に，ここではまず，QUIC が開発される背景となった HTTP/2 の課題について述べておきましょう．上述のとおり，HTTP/2 では TCP を利用します．TCP はインターネットでの主要なトランスポート層プロトコルとして，これまで非常に広く使われてきました．そして通信レートの増大に対応するための新たな輻輳制御アルゴリズムが開発されるなど，環境の変化に合わせて改良が進んできました．TCP は通信相手とのコネクションを確立し，確実にデータを届ける信頼性の高いプロトコルです．そのコネクション確立において，3way ハンドシェイクという方法が用いられるのが特徴の一つです．

　3way ハンドシェイクとは，その名前のとおり，ホスト間で 3 回のやりとりを行いコネクションを確立します（図 5.3）．まず，接続を要求するホストは，TCP ヘッダの中にある SYN（同期）フィールドの値を 1 にしたパケットを送信します．こ

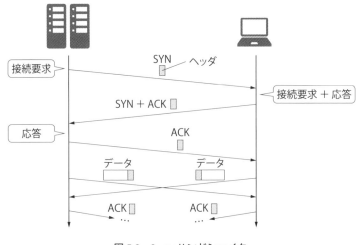

図 5.3　3way ハンドシェイク

れを受けた相手側ホストは，要求に対する回答とともに，コネクション確立要求を返します．このとき，TCP ヘッダ中の ACK（確認応答）および SYN フィールドを 1 としたパケットを送ります．最後に，このパケットを受け取ったホストは，ACK フィールドを 1 にしたパケットを返送します．以上のやりとりを通じて，ホスト間でコネクションが確立されます．

　また，HTTP/2 では，実質的に HTTPS（HTTP over TLS）すなわち TLS（Transport Layer Security）が必須となっています．このために，3way ハンドシェイクに続いて TLS ハンドシェイクとよばれる鍵交換のやりとりが行われます．実際のデータ送信が開始されるのは，その後です．つまり，データ送信が開始されるまでに，何往復もパケットの交換が行われるわけです．

　このときに問題となるのが，遅延です．TCP における遅延は，Round Trip Time（RTT）として表現されることが多いです．RTT とは，送信側ホストにおいてパケットを送信した時刻から，当該パケットに対する ACK を受け取るまでの時間のことで，要するに，相手側から応答が返ってくるまでの時間です．この遅延には，相手側ホストにおいてパケットを処理する時間なども含まれますが，信号の物理的な伝搬時間がほとんどを占めます．信号の伝搬時間は，通信相手との物理的な距離に応じて定まり，機械の高性能化や信号処理方式の高度化などによって短縮できるものではありません．コネクション確立時に何往復もパケットを交換するためには，その信号伝搬に要するだけの時間が必要となるわけです．Web 高速化のニーズが高まる中で，この遅延は看過できない問題となってきました．

　さらにもう一つの問題が，Head of Line ブロッキング（HoL ブロッキング）とよばれる現象です．これは大ざっぱにいうと，その名が示すように行列の先頭で後続者をブロックしてしまう，という問題です．TCP では，シーケンス番号を用いてデータの順番を特定します．そして受信側では，シーケンス番号の順番どおりにしかデータを処理しません．パケットロスなどにより抜けているシーケンス番号があった場合には，当該データの到着を待ち，再送の要求などを行います．つまり，それ以降のデータが先に届いていたとしても，受信側では何もできないのです．これは確実にデータを送り届けるための TCP の仕組みではあるのですが，一部のロスによってデータ処理全体に遅延が発生し，効率が悪化してしまいます．

5.2.3　QUIC の特徴

　上記の課題に対して，新しく開発されたプロトコルが QUIC です．Google では

2012 年頃から，現在標準化されている QUIC の原型となるプロトコルを開発し，自社の Web ブラウザでの利用を開始していました．QUIC は UDP ベースで動作し，高速にコネクションを確立しながら，TCP のような信頼性や TLS によるセキュリティを実現します．なお，HTTP/3 と合わせて開発された QUIC ですが，HTTP 以外のプロトコルとも組み合わせて利用できます．そのため，今後様々な IoT システムにおいて利用される可能性も高く，以下で詳しく解説を行っていきます．

　HTTP/2 と HTTP/3 のプロトコルスタックを，それぞれ図 5.4 に示します．IP を用いる点は同じなのですが，HTTP/2 では TCP をベースとして，TLS（オプションですが，実質的には必須と解釈できます），その上で HTTP を利用します．これに対して HTTP/3 では，UDP をベースとして，QUIC の上で HTTP を利用します（HTTP over QUIC）．ここでは QUIC の内部に TLS1.3 が入っているような表記となっていますが，これは QUIC が TLS のハンドシェイクを利用する形となっているためです．とくに，TLS の 0-RTT とよばれる方式を利用することで，ハンドシェイクの往復なしでデータ送信を開始するための仕組みを提供しています．もちろん暗号化も行い，ペイロードに加えて QUIC ヘッダまで含めて暗号化されます．このように UDP をベースにすることで，ハンドシェイクに要する RTT による遅延増大という課題の解決を図っています．また UDP をベースにすることで，インターネット上の既存装置でパケット処理が可能となっています．

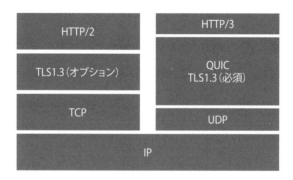

図 5.4　HTTP/2 と HTTP/3 のプロトコルスタック

　さらに，TCP を利用しないため，HoL ブロッキングも回避できます．QUIC ではコネクションをストリームという単位で管理し，複数のストリームを並列的に扱うことができます．そしてストリーム内のデータについてのみ，順序制御を行うため，あるストリームにおけるパケットロスは，ほかのストリームには影響しません．

また，TCP と同じくネットワーク輻輳を避けるための輻輳制御を実施するとともに，ロスしたデータの再送については，TCP よりも効率的に行うようになっています．このような QUIC の特徴を実現する手法について，以下でもう少し詳しく見ていきます．

5.2.4　QUIC の仕様

QUIC のおもな仕様は，IETF により 2021 年 5 月に RFC9000（QUIC：A UDP-Based Multiplexed and Secure Transport）として標準化されました[4]．なお，関連する標準もいくつか存在し，主要なものとして RFC8999（Version-Independent Properties of QUIC，ヘッダなど共通部分の定義），RFC9001（Using TLS to Secure QUIC，TLS を用いたセキュリティに関する記述），RFC9002（QUIC Loss Detection and Congestion Control，パケットロス検出と輻輳制御について）が挙げられます．

QUIC パケットとヘッダ

QUIC パケット，すなわち HTTP/3 パケットの構造を図 5.5 に示します．比較のために，従来の TCP による HTTP/2 パケットの構造も併記しています．前章で説明したように，基本的にどのプロトコルでも，パケットは宛先などの制御情報を格納するヘッダと，データ部分であるペイロードから構成されます．なお，IP ではパケット，TCP ではセグメント，UDP ではデータグラム，イーサネットではフレームと呼称しますが，簡単のためここでは総称してパケットと表記します．QUIC を用いる場合，UDP ベースとなるため IP ヘッダの次に UDP ヘッダが続き

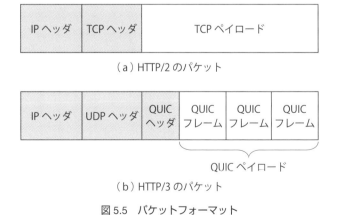

（a）HTTP/2 のパケット

（b）HTTP/3 のパケット

図 5.5　パケットフォーマット

ます．そしてUDPのペイロード部分は，QUICヘッダとQUICペイロードから構成されます．ここで特徴的な点が，QUICペイロード部分は，一つ以上のQUICフレームからなることです．このようなパケット構成とすることで，複数のストリームを並行して送受信しやすくなっているのです．

QUICでは，ロングヘッダとショートヘッダとよばれる2種類のヘッダが定義されています（**表5.1**）．表からもわかるように，ロングヘッダのほうがフィールド数が多く，ヘッダ長が長くなります．ロングヘッダはコネクション確立時に利用され，コネクション確立後はショートヘッダを用いてデータ転送を行います．このようにヘッダの使い分けによってデータ量を低減し，効率的なデータ転送を実現するように工夫されています．

表5.1　QUICヘッダ

ロングヘッダ	ショートヘッダ

Long Header Packet {
　Header Form (1) = 1,
　Version-Specific Bits (7),
　Version (32),
　Destination Connection ID Length (8),
　Destination Connection ID (0..2040),
　Source Connection ID Length (8),
　Source Connection ID (0..2040),
　Version-Specific Data (..),
}
	Short Header Packet {
	　Header Form (1) = 0,
	　Version-Specific Bits (7),
	　Destination Connection ID (..),
	　Version-Specific Data (..),
	}

コネクションとストリーム

QUICはUDPをベースとしますが，TCPのようにコネクションを確立するプロトコルです．二つのホスト間の接続は，コネクションIDによって識別されます．ヘッダ中にSource Connection IDとDestination Connection IDがあることからわかるように，コネクションIDは送信側，受信側でそれぞれ独立に選定して設定します．パケット受信時には，コネクションIDを用いてコネクションに紐づけて処理を行います．コネクションIDを用いる最大の利点は，コネクション識別にIPアドレスやポート番号などが不要となる点です．つまり，ホストがモバイルデバイスなどである場合などに，移動などによってIPアドレスが変化しても，コネクションをそのまま維持できるのです．こうした設計思想には，モバイルが当たり前となっ

た時代背景が反映されているといえます.

　ストリームとは,コネクションの中でのデータ転送単位のことです.一つのコネクションの中で,複数のストリームを利用することができ,実際のデータはストリームとして送受信されます.各ストリームは,QUIC フレームに記載されるストリーム ID で識別されます.データの順序制御などはストリームごとに行い,ストリーム間では制御が干渉することはありません.つまり,ストリームごとに独立にデータを配送できるため並列性が高く,TCP の課題だった HoL ブロッキングの影響を低減できます.また,アプリケーション側から優先度情報を受け取って,ストリームの優先制御を実施することが可能です.

　QUIC では順序制御および信頼性を提供するため,TCP のような ACK を用います.TCP ではシーケンス番号を用いてデータの位置を特定していました(図 5.6).確認応答メッセージである ACK に記載されるのは,次に受け取るべきデータを示すシーケンス番号(受信済のシーケンス番号の最小値)です.そのため,それ以降のデータが届いていたとしても,その情報は送信ホストには伝わりませんでした.つまり TCP の ACK には,どのパケットが失われたのかを特定できないという曖昧性がありました.

　一方,QUIC では,データ位置の特定にパケット番号とオフセットを用います.パケット番号はパケットを特定するために用いられ,パケット送信時に一つずつ加算されていきます(図 5.7).オフセットは,ストリームにおけるデータの位置を

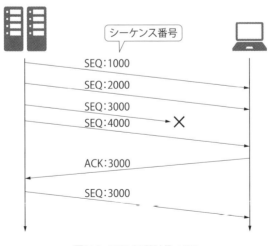

図 5.6　TCP における ACK

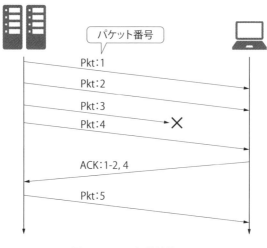

図 5.7　QUIC における ACK

特定する値です（図には記載していません）．ACK にはホストが受け取ったパケット番号の範囲が記載されます．つまり，ロスなどで未着となっているパケットを特定することができます．よって，当該パケットに格納されていたデータを新たなパケットを用いて送信し直すことができます．

輻輳制御

　ネットワークの混雑によるスループット低下を防ぐための，輻輳制御の仕組みも取り入れられています．最もベーシックな実装としては，TCP の輻輳制御アルゴリズムとして非常に有名な NewReno が採用されています．つまり，TCP の基本技術であるスロースタート，高速リカバリ，輻輳回避などの状態遷移を継承しています（図 5.8）．詳細は省きますが，大まかに書けば，最初は少しずつパケットを送り始め，様子を見て徐々に送信するデータ量を増やしていき，パケットロスを検出すると送信レートを低下させるという仕組みです．

　ネットワーク機器は数多くのホスト，フローによって共用されるため，それぞれが好きなだけパケットを送信すれば，すぐに混雑によってパンクしてしまいます．よって，混雑状況に応じて転送データ量を調節することが望ましいのですが，広いインターネット上で経由するネットワーク機器の様子を直接知ることはできません．そこで，何らかの指標を手掛かりとして輻輳状況を判断し，送信データ量を調節するのです．NewReno は，パケットロスを指標とする Loss-based とよばれる制

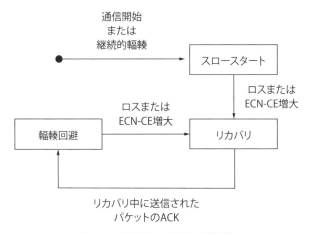

通信開始
または
継続的輻輳

スロースタート

ロスまたは
ECN-CE増大

ロスまたは
ECN-CE増大

輻輳回避

リカバリ

リカバリ中に送信された
パケットのACK

図 5.8　輻輳制御における状態遷移

御を行います．TCP ではほかにも，遅延を指標にする Delay-based とよばれるアルゴリズムや，それらの組み合わせであるハイブリッドのアルゴリズムも存在します．今後，QUIC 向けの輻輳制御が検討される余地は十分にあると考えられます．

ハンドシェイク

　QUIC のハンドシェイクには 2 種類あります．設計思想としては，TCP + TLS のハンドシェイクに要する手続きを削減し，低遅延で安全なコネクションを確立することが目的です．まず，基本となる 1-RTT ハンドシェイクの流れを**図 5.9** に示します．クライアントは ClientHello とよばれる最初のメッセージを入れた CRYPTO フレームを，Initial パケット（パケット番号 0）で送信します．CRYPTO フレームとは，要するに TLS1.3 の鍵交換用のメッセージです．従来の TLS と同様に，Diffie-Hellman 鍵交換とよばれる手法が用いられます．これに対してサーバ側は，Initial パケット（パケット番号 0）と Handshake パケット（パケット番号 0）を返します．前者には ServerHello を入れた CRYPTO フレームおよび ACK を格納し，後者で TLS1.3 のハンドシェイクを完了する CRYPTO フレームを送信します．そしてクライアント側は Initial パケットと Handshake パケットにそれぞれ ACK を格納して送信します．こうして取得された 1-RTT 鍵を用いてデータを暗号化し，ストリームのデータを送信し始めます．TCP + TLS のハンドシェイクと比較して，少ないメッセージ交換で暗号化したデータの送信を開始していることがわかります．

　次に，さらにメッセージ交換の少ない 0-RTT ハンドシェイクについて述べます．

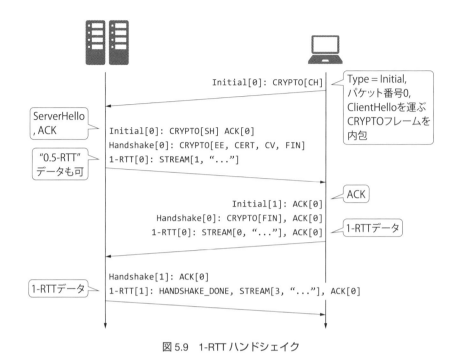

Initial[0]: CRYPTO[CH] — Type = Initial, パケット番号0, ClientHelloを運ぶCRYPTOフレームを内包

ServerHello, ACK

Initial[0]: CRYPTO[SH] ACK[0]
Handshake[0]: CRYPTO[EE, CERT, CV, FIN]

"0.5-RTT" データも可

1-RTT[0]: STREAM[1, "..."]

Initial[1]: ACK[0] — ACK
Handshake[0]: CRYPTO[FIN], ACK[0]
1-RTT[0]: STREAM[0, "..."], ACK[0] — 1-RTTデータ

Handshake[1]: ACK[0]
1-RTTデータ — 1-RTT[1]: HANDSHAKE_DONE, STREAM[3, "..."], ACK[0]

図 5.9　1-RTT ハンドシェイク

これは，2 回目以降のハンドシェイクでは，前回用いた情報を流用すれば効率的である，というシンプルな原理に基づいています．つまり各ホストは，接続先の情報や暗号化のパラメタなどの情報を記憶しておく必要があります．0-RTT ハンドシェイクの流れを**図 5.10** に示します．クライアントは，ClientHello と同時に 0-RTT データを送信できます．ただし，暗号化のプロセス完了までにはサーバからの返答を待つ必要があり，その後は 1-RTT データを送受信可能となります．なお，とくにサーバ側では，接続相手となるホスト数が膨大となるため，その情報をすべて記憶しておくことは困難であり，何らかの工夫が必要となります．このように一定の制約はありますが，0-RTT を用いることで，データ送信開始までのメッセージ交換を最小化できます．

暗号化

　ここまで述べてきたとおり，QUIC では TLS を利用して暗号化を行います．暗号化について特徴的なのが，ペイロードのみならず，QUIC ヘッダについても部分的に暗号化を行うことです．そもそも QUIC では，TCP ではヘッダにあったよう

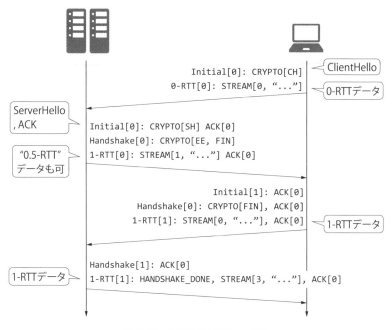

図 5.10　0-RTT ハンドシェイク

な情報をペイロード部分に入れて暗号化するようになっています．そのうえで，QUIC ヘッダ中のパケット番号などについても暗号化を施します．これは，パケット番号は 1 ずつインクリメントされていく特性があるため，この値を解析すればコネクションの特定などが可能になるおそれがあるためです．

　なお，様々な情報を暗号化することには，もちろんセキュリティ上のメリットもありますが，それ以外にも，ネットワーク機器（ミドルボックスともよばれます）によるパケットの取り扱いを簡易化，安定化させるという利点もあります．そもそも，トランスポート層レベルでの新規プロトコルの展開は非常にハードルが高いものです．これは，ネットワーク上に存在するルータやファイアウォールなど多数の既存機器では，既存プロトコルに対応した設定が行われているためです．たとえば，TCP や UDP など特定のプロトコルのみを許可し，それ以外のパケットは廃棄するなどの設定もよく行われます．このような既存ミドルボックスの多くを新規プロトコルに対応させることは，現実的ではありません．パケット中の暗号化部分を増やすことは，古い機器が独自の解釈で想定外の振る舞いをしてしまうような問題を防ぐことにもつながるのです．

最後に，セキュリティに関連する仕組みとして，Address Validation（アドレス検証）についても触れておきます．近年，DDoS（Distributed Denial of Service）とよばれる攻撃が増加を続けています．その攻撃の一種として，アンプ攻撃（あるいはリフレクション攻撃）とよばれる手法が存在します．これは，送信元 IP アドレスを偽った DNS 問い合わせを送信することで，サーバからの応答を攻撃対象に送りつけてサービスをダウンさせる手法です．ボットネットなどを踏み台として偽装クエリを複数送ることで，その数十倍の量となるデータを攻撃対象に送ることができるため，アンプ＝増幅攻撃とよばれます．QUIC では，このようなアンプ攻撃を防ぐため，送信元アドレスの正当性を検証する仕組みを備えています．とくにコネクション確立時には，サーバは受信したパケットの送信元 IP アドレスに対して応答し，正当に処理が行われることを確認します．このような工夫により，攻撃に対する防御性も高めています．

以上のように，QUIC は新たなトランスポート層プロトコルとしての利点が多くあります．現状では，ユーザによる Web 利用を主たるユースケースとして，HTTP/3 との組み合わせが想定されていると考えられますが，HTTP 以外のプロトコルとも組み合わせられるため，今後その利用が広がっていくことが予想されます．

5.3 MQTT

5.3.1 主要プロトコルの動向

従来からある代表的な IoT 向けプロトコルとして，MQTT（MQ Telemetry Transport）が挙げられます．MQTT は，もともとは IBM 中心に 90 年代に開発されたプロトコルですが，現在は OASIS（Organization for the Advancement of Structured Information Standards，構造化情報標準促進協会）において標準化が行われています．継続的なバージョンアップを経て，2019 年に MQTT Version 5.0 が発行されました[5]．図 5.11 は，Google trends において IoT 向けとされる主要なプロトコルの動向を比較したものです．MQTT の一般性，あるいは人気の高さがよくわかる結果となっています．ここでは，この MQTT の基本や特性などを解説しながら，IoT におけるプロトコル選択について説明していきます．ちなみに，「MQ」とは IBM の製品からの命名であり，略語ではありません．

図 5.12 に示すとおり，MQTT は OSI 参照モデルにおけるレイヤ 5 以上のプロトコルであり，基本的には TCP ベースで動作します．MQTT over QUIC に関す

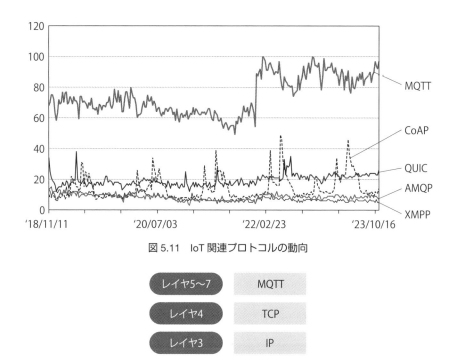

図 5.11　IoT 関連プロトコルの動向

レイヤ5〜7	MQTT
レイヤ4	TCP
レイヤ3	IP

図 5.12　MQTT プロトコルスタック

る取り組みも報告されており，今後の展開が期待されますが，まだ一般的な形態ではありません．その特性については，レイヤが同じ HTTP と比較して説明することがよく行われます．MQTT の利用範囲は非常に幅広く，物流や産業用デバイスなどからコネクテッドカーに至るまで，様々な場面で活用されています．

5.3.2　MQTT の概要

　MQTT とは，クライアントとサーバの間で Publish/Subscribe モデル（Pub/Sub モデル）によるメッセージ交換を行うプロトコルです．MQTT の目的は，軽量性・オープン性・シンプル性を高め，実装を容易にすることだと標準文書に記載されています．つまり HTTP と比べて軽量であり，データ量や消費電力の低減に貢献するといわれています．このような性質は，とくにデバイスの処理能力が低かったり，ネットワーク帯域が不十分だったりする場合に適性が高く，それが IoT 向けとされる所以です．

　MQTT で採用されている Pub/Sub モデルの概念を，簡単に**図 5.13** に示します．

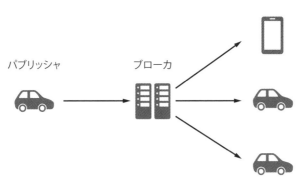

図 5.13　Publish/Subscribe モデル

HTTP 等で採用されている一般的なクライアントサーバモデルとは異なり，エンドホストは直接的にコミュニケーションを行わず，ブローカとよばれる存在が仲介します．ただし実装に応じて，パブリッシャとブローカの機能を一つのデバイスが兼ねることも許容されています．データの送り手であるパブリッシャは，受け手であるサブスクライバが何者であるかを考慮することなく，ブローカに対してメッセージを送ります．ブローカはこのデータを保存しておきます．サブスクライバ側としても，パブリッシャが何者であるかを考慮することなく，ブローカからデータを受け取ります．図の例では，パブリッシャであるコネクテッドカーは，自身の情報を近隣のブローカに対して送信しています．これを受けたブローカは，近隣のデバイスに対して情報を配布しています．

　このような Pub/Sub モデルの特長は，ブローカの存在によるパブリッシャとサブスクライバの切り離しです．これは空間的な観点のみならず，時間的にも同期する必要がなくなることを意味します．たとえば，パブリッシャが送信したデータをブローカが保存しておけば，サブスクライバは（一定の条件を満たせば）これを後から取得することができます．つまりサブスクライバ側は常時インターネットに接続している必要もなく，必要なときに起動・接続してデータを回収するような使い方が可能となります．このような性質は，HTTP においてクライアントとサーバが直接コミュニケーションするために，同期的にメッセージ交換を行う必要があったのとは対照的です．

　また，Pub/Sub モデルは一対多の通信に適しています．あるパブリッシャのメッセージを，多数のサブスクライバが受け取ることが可能です．このとき，メッセー

ジの配信はトピック（サブジェクトともよばれます）という概念を用いて管理します．パブリッシャはトピックを指定してメッセージを送信します．サブスクライバは受信したいトピックを指定しておけば，対応するメッセージのみを受け取ることができます．これは，ブローカがトピック情報を用いてサブスクライバへの配信をフィルタする，と捉えることもできます．

5.3.3 コネクション

MQTT において，パブリッシャやサブスクライバとなるデバイスは，一般的にクライアントとよばれます．あるクライアントは，状況に応じてパブリッシャともサブスクライバともなり得ます．つまり，データを送信する際にはパブリッシャの役割を，受信する際にはサブスクライバの役割を果たします．クライアントの要件は，MQTT ライブラリが動作し，ブローカとネットワーク越しに接続できることのみです．MQTT のクライアント向けライブラリは，C や Java をはじめとした様々なプログラムで実装されています．また Android OS や iOS のほか，Arduino などのマイコン用にも整備されており，要するに様々なデバイスで利用が可能です．

そして，MQTT において重要な役割を果たすのがブローカです．クライアントの認証，セッションの管理，サブスクリプションの管理とフィルタリングといった機能を備えます．システムによっては，ブローカに対して非常に多数のクライアントが接続する可能性もあるため，スケーラビリティが求められます．また，障害に対して強いなどシステム的な安定性も重要となります．

MQTT におけるコネクションは，クライアントとブローカの間で一対一で確立されます．つまり，クライアントどうしが直接コミュニケーションすることはありません．図 5.14 に示すとおり，クライアントがブローカに CONNECT メッセージを送信し，それに対してブローカが CONNACK を返すことでコネクションが確立されます．なおブローカは，クライアント ID を用いて各クライアントを識別します．また，ユーザ名とパスワードを用いて認証を行います．クライアントは

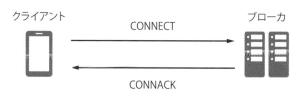

クライアント　　　　　　　　　　　　　ブローカ

CONNECT

CONNACK

図 5.14　クライアントとブローカ間のコネクション

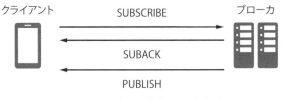

図 5.15　サブスクリプションの流れ

SUBSCRIBE メッセージをブローカに送信し，SUBACK を受け取ることでサブスクリプションの処理が完了します（**図 5.15**）.

　コネクションが確立された後は，クライアントはデータを送信＝パブリッシュすることができます．ブローカは，受け取ったメッセージの内容に基づいて，当該トピックに対応するクライアントに対して転送を行います．繰り返しになりますが，このときパブリッシャはブローカに対するメッセージの配送のみを考慮し，それ以降のことには関知しません.

5.3.4　QoS

　MQTT では，0 〜 2 の 3 段階の QoS レベルが定義されています．目的や環境に応じて，リソース利用とデータ到達性とのトレードオフを考慮し，適切な QoS レベルを設定することが必要です．なお，パブリッシャが設定した QoS レベルがつねにそのまま適用されるわけではなく，サブスクライバが個々に独立して QoS レベルを指定することができます．もし後者のほうが低いレベルである場合には，ブローカからのデータ配信は低いほうのレベルで実行されます.

QoS 0

　レベル 0 は，最も低いクラスの QoS を提供します．ベストエフォート型，すなわち到達性の保証を行わないクラスです．受信者は，メッセージを受信したことを送信者側に明示的に伝えません．これは，トランスポート層の TCP による再送制御などにすべてを委ねるともいえます.安定したコネクションが期待できるときや，少数のメッセージがロストしてもとくに支障がない場合などに使うことが想定されています.

QoS 1

　レベル 1 は，MQTT で最もよく利用される QoS レベルです．サブスクライバに

対して少なくとも1回メッセージが届くことを保証します．メッセージを受信したクライアントは PUBACK メッセージを返送し，受信したことを送信側に伝えます．送信側は，これを受信するまではデータを保管しておき，再送に備えます．場合によっては，受信側は同じメッセージを複数回，受信することもあり得ます．そのため，受信したデータを正しく処理するための仕組みを用意しておく必要があります．

QoS 2

レベル2は，最も高いクラスの QoS を提供します．各メッセージが正しく一度だけ到達することを保証します．これを実現するために，送信者と受信者の間で専用のメッセージを往復させるため，オーバヘッドが大きく時間がかかります．レベル1で発生し得るメッセージの重複受信が問題となるようなユースケースにおいては，レベル2の利用が検討されます．

5.3.5 HTTP/3 と MQTT

以上のように，MQTT は IoT 向けのプロトコルとして人気が高く，シンプルさ，軽量さを特長としています．以下では，適切なプロトコル選択の考え方の観点から，MQTT と同じくトランスポート層プロトコルに TCP（今後は QUIC が主流になっていくかもしれません）を用いる，HTTP と比較しながら検討してみます．

MQTT と HTTP との最大の違いは，やはり HTTP が基本的に一対一の通信を前提としているのに対して，MQTT は Pub/Sub モデルを採用している点だといえます．Pub/Sub モデルにより，非同期的な通信が可能であり，また一対多あるいは多対多の通信に向く，といった IoT システムに適した特長が実現されています．Pub/Sub モデルでは，クライアントデバイスどうしは直接的にやりとりする必要がありません．パブリッシャ側は相手（サブスクライバ）の状態にかかわらず，メッセージをブローカに渡しておけば事足ります．これはたとえば，サブスクライバ側が常時アクティブではないような場合でも，「アクティブになったらデータを受け取ってくださいね」という形でデータを送れることを意味します．電力供給に限りがある場合など，なるべくアクティブな状態を減らして省電力で運用するようなユースケースでは，このような通信の非同期性は大きなメリットとなります．また同様に，サブスクライバとなるデバイスの数などについても，パブリッシャ側は考慮する必要がありません．この特性は，サブスクライバとなるクライアントが多く一対多のコミュニケーションが必要な際に役立ちます．新たなデバイスの追加や既

存デバイスの離脱といった変更頻度が高い場合などにも，サブスクリプションを管理すれば対応できます．センサなど管理するデバイス数が多いユースケースでは，このような仕様が有利にはたらくものと考えられます．

　また，ネットワークの（とくに無線区間の）安定性や帯域などに応じた QoS 設定が可能であり，各サブスクライバの環境に応じて QoS レベルを調節可能な点も運用しやすいポイントとなっています．信頼性などの品質とコスト，リソース消費との間には，明確なトレードオフがあるためです．実際，MQTT は，処理能力が低い安価なデバイスがクライアントであるケースには，その軽量さが有利となる一方，セキュリティ面では TLS を併用するなどの工夫が一般的に必要となります．なお，QUIC は HTTP/3 向けに開発されたものですが，こちらも TLS 利用を前提としていることを考慮すると，今後は MQTT と QUIC の組み合わせも増えてくるのではないかと考えられます．

　ただし，これはどのプロトコルにもいえることですが，通信経路上に存在するミドルボックスの設定には注意が必要な場合があります．たとえば企業のファイアウォールなどでは，通常の HTTP 通信は許可している一方で，それ以外のプロトコルを遮断するような設定が行われている場合もあります．このような設定を変更する権限がない場合には，プロトコルの選択肢がそもそも狭まってくることがあります．あるいは場合によっては，担当機関に対して修正依頼を行うことも考えられます．また自ら設定が可能な場合にも，総合的なセキュリティの観点で，本当に許可して利用すべきプロトコルは何か，を入念に検討する必要があります．

5.4 CoAP

5.4.1 CoAP の特徴

　CoAP（Constrained Application Protocol）は，RFC7252 で規定される軽量プロトコルです．IoT 向けプロトコルとして一定の人気を保っていることが，図 5.11 からもわかります．MQTT のような Pub/Sub モデルではなく，イメージとしては HTTP の簡易版といった動作になっています．Constrained と付いていることからわかるように，マイコンのような処理能力や電力に制約のあるデバイスでの利用を想定しており，トランスポート層に UDP を利用することで，各処理を軽量化しています．

　通信面では，ヘッダ長やシグナリングのオーバーヘッドを小さくすることで，通信帯域が狭い・遅延が大きい・パケットロス率が高い，といった制約の大きい環境に

対する耐性が高まります．また，デバイスの能力という観点でも，処理すべきデータ量が小さくなるため，より安価で性能の低いデバイスでの利用にも耐えることになります．ただし，当然ですが HTTP などと比較してプロトコルの提供する機能には制約があるため，目的や環境に応じて使い分けることが望まれます．なお，適用領域の拡張に向けた検討も進んでおり，「CoAP over TCP, TLS, and WebSockets」という RFC8323 も 2018 年に発行されています．さらには，CoAP over QUIC に関する検討も始まっています．

5.4.2 CoAP の概要

CoAP は，図 5.16 に示すシンプルなメッセージングモデルを採用しています．HTTP と同じく，クライアントサーバモデルとなっています．CoAP の固定長ヘッダは 4 バイトと短く，メッセージのタイプやリクエスト／応答コード，メッセージ ID などを指定します．メッセージのタイプは 4 種類からなり，Confirmable（確認可能），Non-confirmable（確認不可能），Acknowledgement（確認応答），Reset（リセット）があります．

図 5.16　信頼性の高いメッセージ送信

信頼性の高いメッセージ送信は，Confirmable（CON）タイプを用いて実施されます．図に示すように，クライアント側からのメッセージに対して，サーバ側から当該メッセージ ID を指定した ACK を送信することで，パケットの到達を確認します．このように，メッセージ ID を用いて，メッセージの特定，重複検出などを行います．一方で，確認応答を行わない，すなわち高い信頼性を要さないメッセージ送信は，Non-confirmable（NON）タイプを用いて実施されます（図 5.17）．センサデータをストリームとして配信する際など，信頼性よりも次々に新しいデータを送出することを重視する場合などには，NON タイプを用いてある程度の欠損を許容することが適切かもしれません．ただし，ネットワークの帯域やパケットロス率などによっても適した方式が変わってくることは十分にあり得ます．

CoAP リクエストは HTTP のリクエストとほぼ同様で，基本的には GET,

図5.17 高い信頼性を要さないメッセージ送信

POST，PUT，DELETE のいずれかの要求を行います．このうち最もよく使われるのは，GET と POST です．GET とは，URI で指定されるサーバ上のリソースを取得するメソッドです．一方で，リソースを新たに作成するために用いられるのが POST です．なお，PUT はリソースの更新および作成，DELETE は削除のために利用されます．つまり，データの登録や閲覧をする際には，対応するリクエストコードを指定してメッセージを送信するわけです．

5.4.3 プロキシとキャッシュ

CoAP は，電力やネットワークアクセスなどに制約があることを想定しているため，プロキシとキャッシュという，代理応答に関する機能をサポートしています．キャッシュとは，メモリや Web ブラウジングなどでも一般的に用いられるように，データを一時的に保存しておき，リクエストに対して迅速かつ効率的な応答を返す仕組みです．またプロキシとは，クライアントあるいはサーバの代理として動作し，応答を行います．たとえば，センサデバイスがリクエストに対して応答できない場合に，プロキシがキャッシュを用いて代理で応答する，といった使い方ができます．デバイスをスリープ状態にしておくことによる消費電力の低減や，応答時間の短縮など，様々な目的で利用できる可能性があります．

また，特徴的な機能として，CoAP と HTTP の間のプロキシであるクロスプロトコルプロキシのサポートが挙げられます．CoAP が GET，POST など HTTP に似たメソッドをもっていることは先述のとおりです．これを利用して，CoAP のリクエスト／応答と HTTP のリクエスト／応答とをマッピングするのが，CoAP における HTTP プロキシです．より詳細には，CoAP クライアントがプロキシ経由で HTTP サーバ上のリソースにアクセスできるようにする「CoAP-HTTP プロキシ」と，HTTP クライアントがプロキシ経由で CoAP サーバ上のリソースにアクセスできるようにする「HTTP-CoAP プロキシ」が定義されています．このようなプロキシを利用することで，より柔軟な運用が可能となります．

一方で，シンプルかつ軽量であるがゆえに DDoS 攻撃や IP アドレススプーフィングへの脆弱性など，セキュリティ上の懸念も存在します．これに対して，オプションとして RFC9147 Datagram Transport Layer Security（DTLS）が規定されています．ただし，DTLS の利用により特長である軽量さが失われてしまう面もあります．そのため，環境によっては利用が困難な場合があること，デバイスによっては対応していない場合があること，といった制約が存在するのが実情です．

このように，プロトコルの設計から生じるメリット／デメリットも考慮して，適したプロトコルの利用を検討することが肝要です．また，セキュリティ面なども考慮し，オプションへの対応状況なども検討したうえで機器を選定する，といった丁寧な対応が望まれます．

5.5　その他のプロトコル

上記の代表的なプロトコルのほかにも，デバイスやシステムの要件に応じて利用し得るプロトコルがいくつか存在します．ここでは，いくつかのプロトコルについて，その特徴と利用を検討すべきケースなどを述べます．

5.5.1　AMQP

AMQP（Advanced Message Queuing Protocol）は，Pub/Sub モデルを採用した非同期型のプロトコルです．TCP ベースで動作し，MQTT と似た仕組みとなっているため，比較して言及されることが多いです．ただし，もともとは金融系システム向けに開発されたメッセージング手法を標準化したプロトコルであり，そもそもの開発目的が異なります．すなわち，AMQP は高い信頼性と相互運用性を志向しており，現在もおもにエンタープライズ環境のミドルウェア向けに利用されるのが主流であるといわれます．高信頼性を実現するため，メッセージ受信の後処理でエラーが発生した場合にもメッセージがロスしないようトランザクションを定義できる，といった点が大きな特長です．相互運用性（あるいはベンダフリー）というのは，異なる組織や製品，システムの間でも正しくメッセージの送受信が可能である，という意味であり，これは標準化の目的そのものともいえます．また，図 5.18 に示すとおり，ブローカにキューへの振り分けを行うエクスチェンジとよばれる機能が存在する点が大きな特徴です．つまり，トピックやサブスクライバに応じて，大幅に柔軟な運用が可能になっています．この機能はルーティングともよばれ，MQTT との大きな違いです．また，一つの TCP コネクション上に複数のコネク

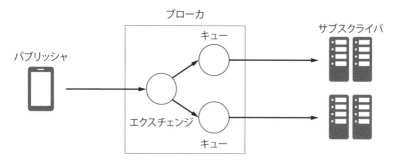

図 5.18　AMQP のブローカ

ションを多重化することも可能です.

　要するに, コンピューティングやネットワークリソースが潤沢な環境において Pub/Sub モデルによる非同期なメッセージングを行いたい, というケースに最適な設計がなされているのが AMQP である, と理解してかまいません. よって, 仕組みの類似性から MQTT と比較されることが多いのですが, 基本的には IoT 向けのプロトコルではありません. いい換えると, AMQP は MQTT よりも高い信頼性を実現する機能を備えている一方で, MQTT のようなシンプルさはないので, リソースに限りがある環境には向かないのです. たとえば, 汎用性を高めるために 8 バイトのオーバヘッドが規定されていますが, MQTT の最小値が 2 バイトであることも鑑みると, 各プロトコルの特性を把握しやすいかと思います. 軽量さや簡便さを重んじる場合には明らかに MQTT が適している一方で, 高い信頼性が要求されるような IoT アプリケーションであれば, AMQP が適する可能性があります.

5.5.2　XMPP

XMPP (Extensible Messaging and Presence Protocol) は, インスタントメッセンジャー用のデータ形式や通信方式を定めたプロトコルです. チャットのようなメッセージ転送を目的として, XML をベースに開発されました. プロトコルの特性としては, インスタントメッセンジャー用であるため, テキストメッセージのほか, 画像やビデオなどの各種メディアを転送することに重点が置かれています. また XML は, 構成が明確であるため機械的に処理しやすい一方で, データ量が大きくなりやすく, 処理には事実上 XML パーサが必須となるデータ形式です. つまり, デバイス側にもネットワーク側にも, それなりのリソースを要する傾向にあるプロトコルだといえます.

XMPPによるメッセージの転送は，**図** 5.19 に示すように XMPP サーバを介して行われます．XMPP サーバを用意しておき，XMPP クライアントからサーバに対してメッセージの配信を依頼する形式です．これは大まかには，電子メールに似た構成・方法であるといえます．アドレス形式も電子メールのそれに似ており，「ユーザー名@ドメイン名」という形式（たとえば，nakayama@example.com）になっています．また，メッセンジャーならではの特徴として，アドレス末尾にスラッシュで識別名を付加し，配信先を柔軟に調整することもできます．

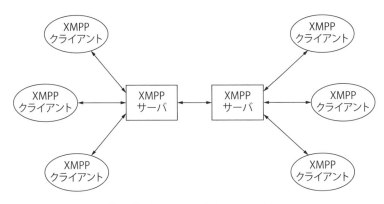

図 5.19　XMPP サーバとクライアント

XMPP はオープンソースであり，これがほかの商用インスタントメッセンジャーとの大きな違いとなっています．様々な XMPP クライアントとの相互メッセージングを志向し，実際に可能にした点が大きな貢献であるといえますが，一方でこれが普及を阻害している面もあります．近年よく使われるコミュニケーションツールである Slack も，当初は XMPP をサポートしており，XMPP を使って自由に Slack にアクセスし利用することができました．しかしながら，2018 年には XMPP のサポートを終了しています．この経緯には，Slack のビジネスモデルが影響していると考えられます．

Slack のフリープランでは，一定の条件を満たした（2022 年現在は 90 日間が経過した）チャットログへはアクセスできなくなります．つまり，チャットログの保管やアクセスに対して課金するビジネスモデルとなっています．XMPP のようなプロトコルで外部からアクセスができてしまっては，ビジネスとして成立しにくくなってしまいます．そのため歴史的にも，メッセンジャーサービスは基本的に顧客を囲い込む方向に向かいます．このような事情から，XMPP はあまり利用されないプロ

トコルという面があります．限られたケースかもしれませんが，XML 形式でマルチメディアを転送するのが適する場合には，選択肢に入ってくる可能性があります．

5.5.3 WebTransport

これまで，Web 上で双方向性のリアルタイム通信を行う場合に，WebSocket というHTTP と互換性があるプロトコルがよく利用されてきました．HTTP は基本的に片方向の通信であるため，双方向で通信をするためには，何かしらテクニカルなことをする必要がありました．別のプロトコルを用意する手もありますが，ファイアウォールやプロキシのデフォルト設定では，多くの場合それらは遮断されてしまいます．セキュリティや組織のポリシーなどによる制約もあるため，設定をすべて書き換えていくのは現実的には難しいことが多く，そのため WebSocket のような，一般的な HTTP を用いた双方向通信は非常に需要が高かったのです．

WebSocket は確立済みの HTTP/2 セッション上で，TCP を利用してデータを転送します．IoT 向けの利用としてはとくに，先に述べた MQTT をブラウザから利用する目的などで用いられ，これを MQTT over WebSocket とよびます．ただし，TCP によるメッセージの到達や順序の保証を提供できる一方で，そもそも MQTT を利用するようなアプリケーションではトランスポート層での信頼性までは不要なケースもあります．

なお，類似のプロトコルとして，トランスポート層に UDP を用いる WebRTC というものがあります．RTC とは Real-Time Communication の略称であり，名前のとおりブラウザやモバイルアプリで，ボイスチャットやビデオチャットなどのリアルタイム通信を実現することを主目的として開発されました．デバイスどうしが直接通信する，P2P（Peer to Peer）とよばれる通信方式を採用している点が大きな特徴です．サーバを介さずに通信するため，負荷が集中しにくいことが P2P のメリットの一つです．P2P はブロックチェーン技術のベースにもなっており，重要なコンセプトですが，ここでは説明を省きます．というのも，IoT 向けプロトコルという観点では，P2P の接続手順は複雑であり，UDP を用いるために WebRTC を利用するのはあまり現実的とはいえないからです．

上記のような経緯を背景として，HTTP/3 および QUIC を前提として開発された双方向通信プロトコルが WebTransport です．これは要するに，Web クライアントとHTTP/3 サーバ間でのリアルタイムかつ双方向の通信を可能にするプロトコルです．名前に Transport が入っていますが，トランスポート層ではなく，アプリケーション

層のプロトコルです．WebTransport は，HTTP/3 の普及とともに WebSocket を置き換えると考えられますが，WebRTC を完全に置き換えるものではありません．これは上述のとおり，WebRTC は P2P モデルを採用しているのに対して，WebTransport はクライアントサーバモデルを採用しているためです．いずれにせよ，WebTransport では HoL ブロッキングなど TCP で課題となっていた部分については QUIC の利用で回避でき，UDP 的な低遅延／リアルタイム性を実現しやすくなっています．このように，HTTP/3 や QUIC のメリットをそのまま利用できるため，今後は IoT 用途での利用も広がっていく可能性があります．

5.5.4 DDS

ここまでに記述してきたプロトコルとは少し位置づけが異なるのですが，DDS（Data Distribution Service）というプロトコルがあります．このプロトコルは，おもにオープンソースのロボット用フレームワークである ROS2（Robot Operating System 2）で利用されています．ROS2 は様々なロボット開発で広く使われてきており，その適用範囲はさらに広がってきています．ROS2 の主要な目的は，様々なデバイス・機能から構成されるシステムを適切に制御することです．特定の箇所に取り付けられたセンサが取得した情報を基に，何らかのアルゴリズムでリアルタイムに判断を行い，ある機能をもったデバイスを駆動する，といったことが数多く行われます．つまり，数多くある小さなモジュールの間でのデータ通信が非常に重要となっています．

DDS は Pub/Sub モデルを採用しています．ROS2 の場合にはいわゆる組み込み用途での利用となり，インターネット上でのデータ転送とはスケールが異なります．ただし複数のデバイスを連携して動作させるという観点では，コンピュータシステム／ネットワークの動作として一般的なものであり，ベースとなる考え方はほかの Pub/Sub 型プロトコルとよく似ています．パブリッシャはトピックを指定してデータを配信し，サブスクライバは指定したトピックにかかわるデータを受信します．Pub/Sub モデルを採用する大きなメリットは，参加する各ノードがお互いの情報を必要とせず，データ（トピック）にのみ着目すればよい点です．このような特性は，疎結合性ともよばれます．ノードの追加や削除がほかに影響しないため，システムの堅牢性が高く，デバイスの置き換えなども行いやすくなります．また，マルチキャストあるいは多対多のデータ交換に適しており，たとえば一つのセンサが得た情報を，ほかの複数のデバイスで利用するような使い方に適しています．このような特

性を考慮すると，組み込み用途で採用されている理由がわかりやすいと思います．

　なお，DDS はアプリケーション層のプロトコルであり，UDP でも TCP でも動作します．ただしリアルタイム性の高い用途を志向するケースが多く，UDP 利用のほうが一般的です．Fast-RTPS などが有名ですが，いくつかの実装が存在します．また，ROS2 での利用が有名というだけで，DDS 自体は標準化されたプロトコルですので，用途としてそれに限るものではありません．

5.6　プロトコルの選定指針

　IoT システムを設計する際，選定するプロトコルは非常に重要な要素となります．本章で紹介したプロトコルについて，いくつかの観点で大まかに比較しながら，その選定指針を示します．まず，プロトコルごとの特性について，大まかな比較を表5.2 に示します．もちろんあくまで定性的な比較であり，厳密なものではありませんが，理解のための指針として少しでも役に立てば幸いです．

表 5.2　各プロトコルの特性比較

プロトコル	HTTP	QUIC	MQTT	CoAP	AMQP	DDS
リソース使用量	中	中	低	低	中	中
通信コスト	中	中	低	低	中	中
セキュリティ	高	高	中	中	高	中
信頼性	高	高	中	中	高	高
スケーラビリティ	高	高	高	中	高	高
実装の容易さ	高	中	高	高	中	中
通信速度	中	高	中	高	中	高

5.6.1　HTTP

　HTTP は Web 技術との高い親和性から，IoT デバイスが既存の Web インフラと連携する場合に適しています．たとえば，IoT デバイスからのデータをクラウドサービスに送信する場合や，デバイスをリモートから制御する Web アプリケーションを開発する場合に，一般的な選択肢となります．既存の Web 系システムで広く活用されているため，様々なライブラリやツールが利用可能であり，実装が簡単な点も大きなメリットだといえます．サーバさえ用意すれば，特殊なソフトウェアやハードウェアの設定を行うことなく，簡単にデータを送受信することができま

す．また近年は，HTTPS の利用がデフォルトとなってきているように，SSL/TLS によるデータの暗号化，認証も一般的に利用可能です．さらに，既存システムの親和性という観点では，HTTP 通信はほとんどのネットワークで従来からサポートされているため，ポート設定などを見直さなくてもファイアウォールや NAT で遮断されにくく，導入時の障壁が小さいという点もメリットといえます．

　HTTP では一般的なクライアントサーバモデルを採用しているため，クライアントデバイスとサーバとは，一対一で直接的にコミュニケーションを行います．同期的な通信を前提としているため，基本的にはサーバからのレスポンスがない場合には通信を継続できません．サーバ側が安定して稼働していること，そこまでのネットワークアクセスも安定していることなど，安定的な環境を整備できるユースケースに向いているといえます．ローカルデバイスとクラウドサーバとの通信に利用するのみならず，ローカルでサーバを立てるような使い方も可能です．通信環境のほか，セキュリティ要件によっては，ローカルでシステムを構築することが望まれる場合もあります．たとえば，社内のデータをインターネット上に流すのが望ましくない，あるいは許可を得る手続きに時間がかかる，などのケースが挙げられます．また，ほかの軽量なプロトコルと比較して，電力などリソース消費が大きめではあるため，そうした面でも安定した環境に適したプロトコルだといえます．

- **リソース使用量**：中程度
- **通信コスト**：中程度
- **セキュリティ**：高い．HTTPS による暗号化が可能
- **信頼性**：高い
- **スケーラビリティ**：高い
- **実装の容易さ**：非常に高い．ほとんどのプログラム言語でライブラリが存在
- **通信速度**：中程度

5.6.2 QUIC

　HTTP の中でも，最も新しいバージョンである HTTP/3 での活用が進んでいるのが QUIC です．UDP ベースで動作し，高速にコネクションを確立しながら，TCP のような信頼性や TLS によるセキュリティを実現するプロトコルです．標準化が完了してからまだあまり時間が経っていないため，現状では活用しやすいライブラリやツールが少ない面はありますが，徐々に広まっていくものと予想されます．

また，TLS の利用がデフォルトとなっており，QUIC ヘッダまで含めて暗号化されるため，セキュリティについても考慮されています．

　HTTP/3 を前提として開発されたプロトコルではありますが，HTTP との組み合わせに限るものではないため，トランスポート層プロトコルとして選択肢に挙がることは増えていくと予想されます．これまで，トランスポート層のプロトコルは選択肢が少なく，実質的に UDP と TCP の 2 択でした．そもそもトランスポート層のプロトコルを意識的に選択することがあまりなく，HTTP など上位プロトコルと抱き合わせで TCP を利用している，といったケースも多かったと思われます．TCP のコネクション確立時のハンドシェイクのステップ数の多さは，Web ブラウジングにおいて遅延増大という課題として顕在化しました．ただしこの点については，通信帯域やデータ送信機会が限られるような IoT アプリケーションでも，同じように課題となり得ます．一方で UDP では，データ転送の信頼性が担保されないので，目的地まで届くかどうかわかりません．そもそも通信帯域が限られるような環境では，パケットロスが多いケースもあり，そのような環境ではデータが無事に到達する確率が低くなることもありました．このような環境においては，新たに QUIC が有力なオプションになり得ると考えられます．UDP をベースとしつつ，ハンドシェイク回数を少なくした 0-RTT のような仕組みによってコネクションを確立し，ロスしたデータの再送も実施します．もちろん UDP よりは複雑となるため，デバイス側にある程度の処理能力は要求される傾向にあると思われます．ライブラリの対応状況なども注視しつつ，導入を検討していくことが期待されます．

- **リソース使用量**：中程度
- **通信コスト**：中程度
- **セキュリティ**：高い．TLS による暗号化が組み込まれている
- **信頼性**：高い．TCP よりも効率的な再送制御をもつ
- **スケーラビリティ**：高い
- **実装の容易さ**：中程度．新しいプロトコルであるため実装は増えつつある
- **通信速度**：非常に高い

5.6.3 MQTT

　MQTT は，クライアントとサーバの間で Pub/Sub 型のメッセージ交換を行うプロトコルです．HTTP と比べて軽量であり，リソース消費が軽いため，とくにデ

バイスの処理能力やネットワーク環境に制約があるケースに適します．エンドデバイス間の通信をブローカが中継するため，お互いの所在や性能，動作状況などを考慮せずにデータを送信できます．パブリッシャ側は相手の状態にかかわらず，メッセージをブローカに渡しておけば OK です．サブスクライバ側が常時アクティブではないときに，アクティブになった時点でデータが届くように送っておくこともできます．サブスクライバとなるデバイスの数などについても，パブリッシャ側は考慮する必要がありません．つまり、Pub/Sub 型では，非同期的な通信ができ，一対多や多対多の通信が可能です．

　以上のような特性から，MQTT はスマートホームなど，安価なセンサなどをリッチではないネットワークで運用するようなユースケースに向いています．電力供給に限りがある場合など，なるべくアクティブな状態を減らして省電力で運用するようなとき，非同期的な通信ができるのはメリットとなり得ます．また，デバイスの追加や既存デバイスの離脱なども，サブスクリプションを管理すればよいだけなので，デバイス数が多いシステムにも向いています．ネットワークの安定性や帯域などに応じて QoS レベルを調節することもできるので，移動体などに適用して信頼性とリソース消費のバランスをとる，といった利用形態も考えられます．

- **リソース使用量**：低い
- **通信コスト**：低い
- **セキュリティ**：中程度．TLS を用いた暗号化が可能
- **信頼性**：中程度．品質レベルを選択可能
- **スケーラビリティ**：高い
- **実装の容易さ**：高い．多くのプラットフォームで利用可能なライブラリが存在
- **通信速度**：中程度

5.6.4　CoAP

　CoAP は，マイコンのようなリソース制約の大きいデバイスを想定したプロトコルです．ただし，Pub/Sub 型ではなく，クライアントサーバ型のモデルであり，イメージとしては HTTP の簡易版のような動作をします．ヘッダ長やシグナリングのオーバーヘッドを極力小さく設計してあるため，通信帯域が狭い・遅延が大きい・パケットロス率が高い，といった制約の大きい環境に向いています．処理すべきデータ量が小さいため，デバイスの能力という観点でも安価で性能の低いデバイ

スでの利用にも耐えます．その一方で機能的にリッチなわけではないので，リソースが潤沢なときにあえて選択する理由もとくにありません．要するに，並のプロトコルでは重いかも，というときに選ぶのがよいと考えられます．

　ただし，メッセージの信頼性については設定によって選択することが可能です．センサデータをストリームとして配信するなど，信頼性よりも新しいデータ送出を重視する場合などには，ACK を返さず欠損を許容するのが適切かもしれません．一方で，やはり確実にデータを届けたい場合には，メッセージ ID を用いてメッセージの特定や重複検出などを行うタイプを採用したほうがよいです．このように CoAP を採用したうえでも，環境に応じて適切な設定を行うことが重要です．いずれにせよ，このプロトコルは非常にリソースが限られた環境，たとえば低消費電力のセンサやアクチュエータでの利用に適しています．IoT デバイスがインターネットと直接通信する場合や，低コスト・低電力が要求される場面での使用に適しています．

- **リソース使用量**：非常に低い
- **通信コスト**：低い
- **セキュリティ**：中程度．DTLS による暗号化が可能
- **信頼性**：中程度
- **スケーラビリティ**：中程度
- **実装の容易さ**：高い．軽量なプロトコルであるため実装が容易
- **通信速度**：高い

5.6.5 AMQP

　AMQP は，Pub/Sub モデルを採用した非同期型のプロトコルです．TCP ベースで動作し，MQTT と似た仕組みとなっていますが，高い信頼性と相互運用性を志向したプロトコルです．高信頼性を実現するため，メッセージ受信の後処理でエラーが発生した場合にもメッセージがロスしないようトランザクションを定義できます．このような特性から，現在もおもにエンタープライズ環境のミドルウェア向けに利用されるのが主流であるといわれています．また，トピックやサブスクライバに応じて柔軟な運用が可能にするルーティングとよばれる機能を提供しています．

　以上の特性から，コンピューティングやネットワークのリソースが潤沢な環境において Pub/Sub 型の非同期なメッセージングを行うケースでは，AMQP が選択肢

に挙がる可能性があります．AMQP は MQTT よりも高い信頼性を実現する機能を備えていますが，MQTT のようなシンプルさはないので，リソースに限りがある環境には向きません．軽量さや簡便さを重んじる場合には明らかに MQTT が適しており，一般的な IoT のイメージはこちらだといえます．一方で，高い信頼性が要求されるような IoT アプリケーションでは，AMQP がフィットする可能性があります．もともとの開発目的である金融系のほか，ヘルスケアなど正確に個人情報を扱うような場合には，信頼性とセキュリティが重んじられるためです．

- **リソース使用量**：中程度
- **通信コスト**：中程度
- **セキュリティ**：高い．TLS による暗号化と認証が可能
- **信頼性**：非常に高い．メッセージ配信の確認が強力
- **スケーラビリティ**：高い．大規模なシステムに適用可能
- **実装の容易さ**：中程度．ライブラリが多数存在
- **通信速度**：中程度

5.6.6 DDS

DDS は，オープンソースのロボット用フレームワークである ROS2 で利用されているプロトコルです．ROS2 が用いられるようなシステムでは，数多くある小さなモジュールの間でのデータ通信が非常に重要となっています．センサが取得した情報に基づいてリアルタイムに判断を行い，ほかのデバイスをアクチュエーションする，といったことが多く行われるためです．つまり，インターネットにおけるデバイス間の通信ではなく，様々なデバイス・機能から構成されるローカルシステムを適切に制御するためのプロトコルと捉えられます．

DDS も Pub/Sub 型の通信を行います．パブリッシャはトピックを指定してデータを配信し，サブスクライバは指定したトピックにかかわるデータを受信します．Pub/Sub 型のメリットは疎結合性，すなわち参加する各ノードがお互いの情報を必要とせず，データ（トピック）にのみ着目すればよい点です．ノードの追加や削除がほかに影響しないため，システムの堅牢性が高く，部品の交換なども行いやすくなります．多対多のデータ交換に適しており，組み込み用途に非常に向いた特性を備えています．ドローンやロボットの制御など，今後もその用途は拡大していくことが予想されます．

- **リソース使用量**：中程度
- **通信コスト**：中程度
- **セキュリティ**：中程度．セキュリティプラグインを利用
- **信頼性**：高い．品質の保証が可能
- **スケーラビリティ**：高い．大規模な分散システムに適用可能
- **実装の容易さ**：中程度．いくつかの実装が存在
- **通信速度**：高い

―――――――――――――――――――――――――――――――― 第 5 章のまとめ

　本章では，IoT 向けによく利用される，あるいはこれからの活用が期待される（おもに OSI 参照モデルにおけるレイヤ 4 以上の）プロトコルについて紹介しました．まずインターネット全体の流れとして，HTTP/2 から HTTP/3 への変化，同時に TCP から QUIC への（すべてではないでしょうが）置き換えが進んでいくと考えられます．ハンドシェイクの少なさや，それに伴う低遅延性といったメリットは，IoT アプリケーションにも適するケースが多いため，今後の活用が見込まれます．その一方で，MQTT などの軽量さ，シンプルさを売りにしたプロトコルもいくつか存在します．このような軽量プロトコルは，とくにリソースに制約のあるユースケースでは今後も引き続き必要となります．また，参加するデバイスの種類や数によって，一対一通信なのか一対多あるいは多対多なのか，といった（論理的な）トポロジも変わってくるはずです．要求されるリアルタイム性によっても，同期／非同期といった時間的な制御方式が変わります．コネクションの維持はエネルギー消費にも直結することから，非同期で済む場合には非同期で済ませる，といった考え方も設計上は重要です．予算，電力，ネットワーク帯域，計算能力などのリソースが無限にあれば，自由に（あるいは適当に）設計すればよいのですが，現実的にはそうはいかない，というのがおもな問題だからです．このように，各プロトコルの特性や設計思想の違いを知ったうえで，設計・運用する IoT システムの要求に応じたデータ転送を行うことが重要です．次章では，物理的な媒体に紐づくような，もっとレイヤの低いプロトコルおよび無線通信技術について記述します．

IoT 向けの無線通信技術

本章では，IoT 向けの無線通信技術について解説します．無線通信には非常に多くの規格があり，それぞれに特性が異なります．低コストなものからリッチなもの，数 cm しか通信できないものから数 km までカバーするもの，などがあります．ここでは，どのような通信方式が存在し，どのように選ぶべきなのか，という設計の観点から，各種無線通信技術を概観していきます．各規格の技術的な詳細については立ち入りすぎず，また，単なる辞書的な情報の羅列にならないように注意しました．システムのユースケースに応じて適した通信規格が異なること，知識に基づいて絞り込めば，より詳細な検討ができること，を理解してもらいたいと思います．

6.1 IoT と無線通信

6.1.1 データ転送機能と無線通信

IoT において，ネットワーク上でのデータ転送機能は基本的に必須です．これは，Internet of という名称にも表れているとおり，（安価な）デバイスをほかのデバイスと連携させて，一つのシステムを構成する，ということを意味します．実際，第 2 章で紹介した様々な IoT 階層モデルの中には，必ずデータを転送するネットワーク，あるいはコネクティビティに関する機能が含まれていました．単にコネクティビティといっても，システムに応じた様々な要求条件が設定され得る，という点については第 3 章で述べました．要求条件に応じて，第 4 章で紹介したプロトコルスタックの概念に基づいて，具体的なシステム設計やプロトコル選択を行い，データ転送を実現する機能を実装していく必要があります．そして，OSI 参照モデルでいうところのレイヤ 4 以上の上位側プロトコルについては，前章で述べたような選択肢が存在します．各プロトコルの仕様や特徴に応じて，適切なものを選択して利用することが必要です．大まかなものですが，本章で扱うレイヤを改めて図 6.1 に示します．

ここで，上位側プロトコルの選択について振り返ってみると，直接的には無線通信などの項目は出てきていません．もちろん同期／非同期であるとか，ヘッダのバ

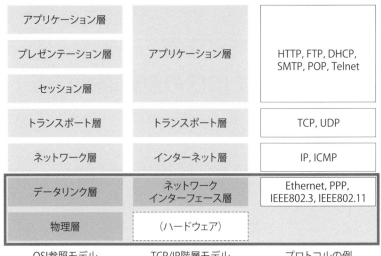

OSI参照モデル	TCP/IP階層モデル	プロトコルの例
アプリケーション層	アプリケーション層	HTTP, FTP, DHCP, SMTP, POP, Telnet
プレゼンテーション層		
セッション層		
トランスポート層	トランスポート層	TCP, UDP
ネットワーク層	インターネット層	IP, ICMP
データリンク層	ネットワークインターフェース層	Ethernet, PPP, IEEE802.3, IEEE802.11
物理層	（ハードウェア）	

図 6.1　本章で扱う範囲

イト数といった利用可能な通信帯域などが大きく影響する要素は含まれますが，あくまで考慮すべき事項という位置づけです．なぜならば，このような上位側プロトコルはエンドツーエンドの論理的な通信路を構成するものであり，物理的な通信路には直接的には関与しないためです．これは第4章で扱った内容の復習となりますが，OSI 参照モデルのレイヤ1〜3は物理的な通信路を，レイヤ4〜7は論理的な通信路を担当します．つまり上位側から見れば，物理的にはどこを通っても関係ないのです．海外の友達に荷物を送りたいとき，航空便で運ばれるか，船便で運ばれるかは，荷物の内容には影響しないのと同じことです．もちろん，航空便のほうが到着は早いでしょうから，荷物を急いで届けたい場合には選択の余地はないでしょう．このように，要求条件により物理媒体の選択肢が限られてくることはあり得ますが，各レイヤの機能としては切り離して考えることができます．

　さて，物理的なデータ転送に目を転じてみると，転送経路のほとんどを占めるのはインターネット上のルータ間でのパケット中継です．現在のインターネットでは，IP を用いて IP パケットに記載された宛先アドレスを基にルーティングが行われています．つまり，ルータ間のデータ転送処理は，OSI 参照モデルにおけるネットワーク層の処理となっています．この処理は，転送されるパケットの種類によりません．IoT でも，オフィス系の通信でも，データセンタ間の通信でも，基本的には同じです．異なるのはルータより下のレイヤ，すなわちデバイスとゲートウェイやルータ

図 6.2　IoT システムにおける無線通信の区間

を接続する，いわゆる足回りの区間です（**図 6.2**）．IoT システムでは，デバイスが小型だったり可搬性があったりすることも多いので，この足回りの区間には無線通信を用いることが一般的です．そして無線通信には非常に多くの方式が存在します．行先に応じて乗り換えが発生することはあれ，電車にさえ乗ってしまえばあとは同じようなものであるのに対して，電車に乗る前／降りた後には，徒歩，自転車，自動車，タクシー，バスなど様々な移動手段があり，それぞれ移動時間や乗り方，清算方法などが異なる，といったイメージです．

　ここで，無線通信とよんでいるのは，OSI 参照モデルでいえばレイヤ 1 〜 2 にあたるレイヤです．レイヤ 1 は物理層であり，その名のとおり物理的な伝送媒体を指します．無線であれば空間が媒体となり，信号は電波などに載せられ，アンテナから空間へ放射され，受信側デバイスのアンテナで受信されます．レイヤ 2 はデータリンク層とよばれ，物理的に接続されるローカルな範囲での通信を担います．いわゆる LAN に該当します．この二つの層を一緒くたにして取り扱うことが多いのは，データリンク層は物理的な接続を前提としており，伝送媒体と完全に切り離さずに考えることが多いためです．本章では，IoT 向けの無線通信方式について代表的なものを紹介しながら，無線通信方式の選び方，設計時の考え方を習得していくことを目指します．

6.1.2　様々な無線通信

　無線通信には様々な方式があります．使用する周波数や符号化・変調の方式など多種多様であり，詳しく理解するためには，最低でも本が数冊は必要になってしまいます．ここでは代表的な無線通信技術について，IoT という観点から，適用すべきシナリオや適用すべきでない局面などを判断できるよう，基本的な考え方を解説します．代表的な方式について，データレートと通信可能距離をマッピングしたものを**図 6.3** に示します（図 3.15 の再掲）．

　データレートについては，数十 kbps から 100 Mbps 〜 Gbps オーダまで幅広い

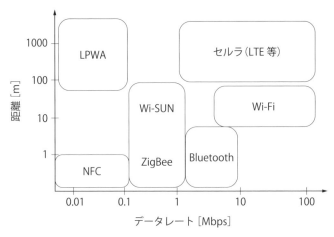

図 6.3　おもな無線通信方式のマッピング

　規格が存在することがわかります．ただし，表示されているのは規格の理論上の最大通信レートであり，しかも瞬間的な値である点に注意が必要です．実際には，通信レートは通信距離，周波数帯域，信号の強さ，ノイズ，周囲の電波環境などの要因によって，時々刻々と変動します．一般的にネットワークが混雑すれば通信レートは低下しますし，中には送信タイミングが限定される規格なども存在します．通信レートについては，大は小を兼ねるといった面はあるのですが，当然ながら通信モジュールや回線のコストにもかかわってきます．知ってのとおり，一般論として高速な回線ほどコストが高くなる傾向にあるので，あらゆるデバイスに対して最高の回線を用意するのは現実的には難しいわけです．よって，必要な通信レートに応じて，必要十分な規格を選択して利用する，といった観点も重要となります．

　同じく，通信距離についても数十 cm から km オーダまで，様々な規格があります．通信距離は，シンプルにいえば無線信号の強さによって定まります．大きな声で話すほど遠くの人にまで聞こえる，というのと同じ原理です．もちろん，耳がよいほど小さな声でも聞こえるように，受信側デバイスの感度のよさにも影響されます．信号強度は，通信距離とともに減少します．つまり，基本的には送信アンテナで送信されたときに最も強く，伝搬距離が伸びるほど減衰していきます．信号強度と距離の関係は，規格や周囲の環境などによって異なりますが，一般的には，信号強度は距離の 2 乗に比例して減少していきます．信号が弱くなると，受信側での復調・復号，すなわちデータの読み取り・復元が難しくなります．受信の失敗によりエラーが増加，再送が増えるなど，同じ規格でも距離が遠くなるほど通信レートは

低下します.

　また，信号強度が同じでも，ノイズが大きくなると通信が困難になる場合があります.いくら大きな声で喋っても，隣でサイレンが鳴っていたら会話するのは難しいのと同じことです.ノイズの原因は様々で，用いる周波数帯や周辺環境によって大きく変動します.また，電波の種類によっては直進性が高いなどの理由により，障害物に遮られると信号を受信できないような場合もあります.このように，無線通信には色々な規格があり，利用目的や外部環境などを考慮して，適切なものを選択して利用することが重要です.

6.1.3 通信レートと距離

　無線通信において，通信レートは規格によって大きく異なりますが，同じ規格でも距離が遠くなるほど通信レートは低下します.これは先述のとおり，通信距離が伸びるほど信号強度が減衰していくためです.このとき，データを伝送する信号を主信号とよび，干渉する電波などをノイズとして扱います.通信レートを推定するための指標として，主信号の強度に対するノイズの強度を表す SNR という値があります.SNR は，主信号の強さに対するノイズの強さを表す値であり，単位は dB（デシベル）です.SNR が大きいほど，ノイズに対して主信号が強く，通信レートが高くなります.

　実効通信距離は，規格によって大きく異なります.Bluetooth などの近距離通信では，通信距離は数 m 程度です.一方，Wi-Fi などでは数十 m，LTE などのセルラ通信では数百 m までカバーするケースもあります.また LPWA のような長距離タイプの通信では，スペック上のカバーエリアは数 km とされることが多いです.ただし，実際の通信距離は，周囲の電波環境や物理的な障害物などに影響を受けます.たとえば，建物などの障害物によって遮蔽される場合には，一般的に通信可能な距離が短くなります.ただし，場合によっては電波の反射によって通信距離が伸びることもあります.これは電波の周波数などによっても異なり，直進性が高い周波数帯域を用いた場合に多く見られます.ミリ波とよばれるような，周波数の高い電波は，直進性が高く，障害物に遮られると通信ができなくなるケースがあるためです.

　さらに，当然ながら送受信機の構造によっても通信可能な距離は変化します.たとえばビームフォーミングとよばれる技術を用いることで，送信する電波の絞り具合を変えることができます（図6.4）.送信電力が同じでも，送信するビームを絞っ

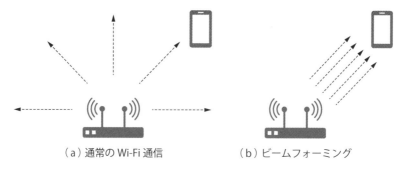

（a）通常のWi-Fi通信　　　　　（b）ビームフォーミング

図6.4　ビームフォーミング

たほうが，より遠くまで通信することができます．ホースを使って水を撒くときに，ホースの先を絞ると水の勢いが強くなるのと同じ原理です．もちろん，絞ることで到達範囲は狭くなるので，適切に向きを設定する必要があります．送信電力を強くすることでも到達距離を伸ばすことができますが，消費電力も大きくなるうえ，電波干渉の防止などの観点から法律で上限が定められているため，これにも限界が存在します．

　ノイズの原因は様々ですが，大きな要因の一つが周囲の電波干渉などの影響です．電波干渉は，複数の無線通信システムが同時に使用される場合に，互いの信号が干渉することです．とくに，同一の周波数帯域を使用する複数の通信システムが近所にある場合に，大きな影響があります．たとえば，複数のWi-Fiアクセスポイントが同一の周波数帯域を使用する場合，電波が干渉して通信レートが低下することがあります．電波干渉を防ぐためには，使用するチャネルを変えるなど，異なる周波数帯域を使用することが一般的です．

6.1.4　通信タイミング

　無線通信において，通信媒体は空間です．つまり物理的な接続が存在しない環境でデータをやりとりするため，電波が伝搬する空間を複数のデバイスで共用することとなります．このとき，複数のデバイスが同時に通信を開始すると，電波が衝突してしまい，通信エラーを引き起こします．この問題を解決するために，各デバイスがいつ通信を開始するか，つまり通信タイミングを管理する仕組みが必要となります．通信タイミングの制御法も，無線通信規格によって異なります．

　代表的な手法として，CSMA/CA（Carrier Sense Multiple Access with Collision Avoidance）とよばれるプロトコルがあります（**図6.5**）．CSMA/CAは，無線LAN

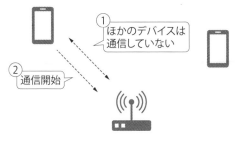

図 6.5 CSMA/CA

（Wi-Fi）などでおもに利用されています．各デバイスが，ほかのデバイスが通信していないかを確認（これを「キャリアセンス」とよびます）し，もしほかのデバイスが通信していなければ自身が通信を開始する，という手順を踏みます．このとき，ただちに通信を開始するのではなく，ランダム時間待ってから通信を試みることで，さらに衝突を発生しにくくします．この衝突回避のための待ち時間を，バックオフ時間とよびます．このような衝突回避機構によって，同一の空間で複数のデバイスが通信を行うことが可能となります．ただし，それでもデバイスの数が多くなってくると衝突が多発するため，待機時間が長くなり通信効率が低下します．

LTE などのセルラ通信においては，通信のリソース割り当てが大きな役割を果たします．たとえば，LTE ではベースステーションが通信のリソース（具体的には周波数帯域と時間）を各デバイスに割り当てることで，通信タイミングを管理しています．各デバイスは割り当てられたリソースを使って通信を行います．こうすることで各デバイス間の通信衝突を防ぎ，高速なデータ通信を可能にします．このような中央集権型の制御は，LTE のようなセルラ通信においてとくに有効です．

一方で，LPWA のような上りの送信機会が限られる通信方式においても，通信タイミングの管理は重要です．LPWA は，消費電力が非常に低く，広範囲にデータを送信できる特性から，IoT デバイスにおける通信方式として注目されています．ただし，消費電力を小さくするために上りの送信機会を制限しているため，データを送信するタイミングを制御する必要があります．通常は，デバイスごとにあらかじめ設定されたタイミングや，特定の条件下でデータを送信します．

以上のように，無線通信の形式によって通信タイミングの管理方法は異なりますが，基本的に目的は同じです．多くのデバイスが存在するときに，媒体である空間中での通信の衝突を避け，効率的かつ信頼性の高いデータ通信を実現することです．

6.2 セルラ

6.2.1 セルラ通信とは

　セルラ通信とは，携帯電話などの移動体向けに提供される通信技術を指します．モバイル通信などともよばれ，最も代表的な無線通信の一つだといえます．大規模な無線通信システムを構築し，多数のデバイスが広範囲で同時に通信できるようにすることを目的としています．一般ユーザとしては，スマートフォン用の回線として用いることが最も多いかもしれませんが，いわゆる IoT の用途にも広く利用されます．

　セルラ通信では，地域を小さなセルとよばれる単位に分割し，それぞれのセルに基地局を設置して無線通信を行います．ユーザデバイスは，各セルの基地局に無線で接続されます（図 6.6）．一般的に，基地局は通信サービスを提供するために通信事業者によって設置されます．デバイスは，周囲の基地局から送信される信号強度を測定することで，近隣の基地局を検索します．その中から，観測された信号強度が最も強い基地局に接続します．基本的には，最も近くにある基地局に接続されると思って差し支えありません．なお接続時には，デバイスの認証などが行われます．無事に接続が完了すると，デバイスは接続先の基地局を介して，インターネットへの接続やほかのデバイスとの通信を行います．

図 6.6　セルラ通信における基地局

　なお，各基地局はコアネットワークとよばれる通信事業者のネットワークへと接続されます（図 6.7）．コアネットワークとは，数多くのセルを収容して相互に接続したり，インターネットへと接続するための大規模なネットワークです．高速かつ安定した通信を提供する役割を担うため，高性能なルータやサーバなどから構成されます．また，通信時に必要となる認証や通信リソースの管理など，様々な機能

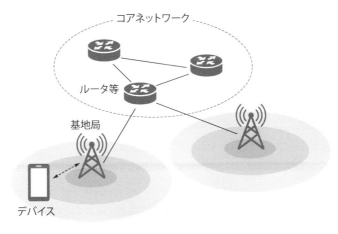

コアネットワーク

ルータ等

基地局

デバイス

図 6.7　コアネットワーク

を提供します.

　セルラ通信は,一般的に携帯電話をはじめとした移動体向けに提供されるため,デバイスの移動が想定されています.ある基地局の担当エリアであるセルの端のほうをセルエッジとよびます.先に述べたとおり,電波は減衰するため,セルエッジでは電波が弱くなりやすいです.さらに,隣接するセルとの境界付近でもあることから,複数の基地局からの電波を受信することとなり,干渉が起こりやすく,通信品質が低下しやすくなります.このようなセルエッジにおける課題を解決するための工夫も多く取り入れられていますが,深入りは避けておきます.

　ここで取り上げたいのは,ハンドオーバとよばれる技術です.ハンドオーバとは,通信中のデバイスに対して通信チャネルの切り替えを行い,そのまま通信を継続する仕組みです.とくに代表的なのが,セルエッジをまたぐときに接続先となる基地局を切り替える手法です(**図 6.8**).デバイスが受信する各基地局からの電波強度や周波数に関する情報を基に,接続先を切り替える要求を送信します.これに対し

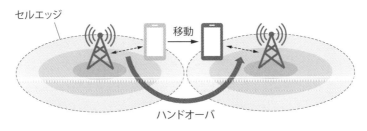

セルエッジ

移動

ハンドオーバ

図 6.8　セルエッジとハンドオーバ

て，基地局側で要求を受け入れ可能であれば，切り替え処理を完了させます．この
ハンドオーバのプロセスによって，自動車や電車など高速で移動するような環境に
あるデバイスであっても，通信を継続することができるのです．

6.2.2　5G

　セルラ通信は，これまで約10年周期で世代交代が進んできました．2020年頃か
らは5Gの展開が進められています．5Gでは，大容量化（eMBB：enhanced Mobile
Broadband），多端末収容（mMTC：massive Machine Type Communications），高
信頼低遅延（URLLC：Ultra-Reliability and Low Latency Communications）の三
つのシナリオが定義されています（図6.9）．この中で，eMBBはさらなる大容量化・
高速化を指しています．代表的なユースケースとしては，より高精細な映像の伝送
などが想定されています．mMTCはIoT用途を想定しており，非常に多くのデバ
イスを効率的に収容する，というシナリオです．最後に，URLLCはリアルタイム
性が高くミッションクリティカルなシナリオを想定しています．よく挙げられる例
として，自動運転車などのモビリティ制御や，機器の遠隔操作などがあります．

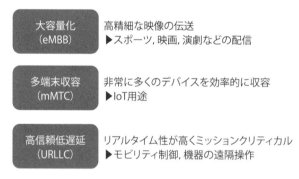

図6.9　5Gの適用シナリオ

　なお，5G展開にあたって，当初はNSA（Non Stand Alone）とよばれる形態が
多くとられました（図6.10）．これは，基地局などは5G用の機器を新たに設置し
ますが，パケット転送制御などを担うコアネットワーク側の設備は既設の4G機器
を利用する手法です．新規ネットワークの敷設には大きなコストがかかるため，既
存設備を活用しながら5Gを展開していく，という狙いがありました．ただし，
NSA方式では5Gの性能をフルに活用することができず，一般ユーザにとっては，
「5Gならでは」といったインパクトが感じられなかった，という面もありました．

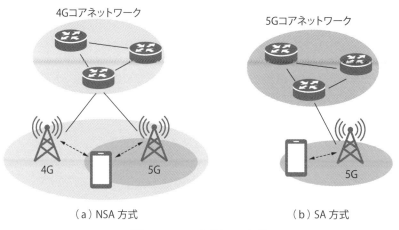

図 6.10　NSA 方式と SA 方式

これに対して，「真の 5G」などともよばれる SA（Stand Alone）型のサービス提供
も開始されています．

　一方で，ローカル 5G という手法も注目されています．ローカル 5G とは，企業
や自治体などが主体となり，エリアを限定して 5G ネットワークを構築・運用する
ものです．どちらかといえば自前の Wi-Fi の整備に近いイメージであり，従来の
通信事業者によるサービス展開とは異なります．ローカル 5G のメリットとしては，
自前のネットワークを構築することで，通信の遅延を抑えることができる，という
点が挙げられます．ただしコスト面では，通信事業者が提供するサービスと比較し
て，かなりの負担がかかることになります．また免許が必要な周波数帯を使います
ので，その点についても注意を要します．

6.2.3　セルラ系 LPWA

　セルラ系の LPWA，あるいはローエンドな LTE などとよばれる技術も注目され
ています．少し前の世代としては LTE Cat.1（カテゴリ 1）とよばれるプロトコル
があり，これは LTE の通信速度を下げることで，消費電力を抑えたものです．現
在では，LTE-M（LTE for Machine Type Communications）や NB-IoT（Narrow
Band IoT）といった技術が注目されています．これらは，どちらも 3GPP によっ
て規定された，セルラベースの IoT 向け通信技術です．

　LTE-M と NB-IoT は 4G において開発された方式ですが，5G にも継続して採
用され，ほかのユースケースと共存していくものとされています．これらは基本的

に，通常の LTE より低速ながら低消費電力な通信を実現するための技術ですが，それぞれ異なる特性と利点をもちます．

LTE-M は，NB-IoT と比較して広い帯域幅を使用します．そのため，データ通信速度は NB-IoT よりも高速で，最大 1 Mbps 程度の通信が可能です．これに対して NB-IoT は，数十 kpbs など非常に低速です．また，LTE-M は移動するデバイスにも対応していますが，NB-IoT は静止したデバイス向けです．これらの特性の違いから，通信頻度や通信データ量が比較的多いケースでは LTE-M を，スマートメータやセンサ類など固定されたデバイスが小さなデータを定期的に送信するケースでは NB-IoT を用いる，といった使い分けが想定されます．

6.3 LPWA

6.3.1 LPWA とは

LTE-M などのセルラ系 LPWA の話が先に出てきましたが，そもそも LPWA とは何でしょうか．LPWA は「Low Power Wide Area」の略で，IoT デバイスに適した無線通信技術群です．その名のとおり，Low Power = 低消費電力かつ，Wide Area = 広い範囲をカバーすることができる，という特徴をもちます．使い方によっては，小さな電池で動作するデバイスを，数か月 〜 数年といった長期間にわたって運用することも可能です．また，基地局から数 km といった広い範囲をカバーすることができ，インフラの整っていない地域などにも導入しやすい，といったメリッ

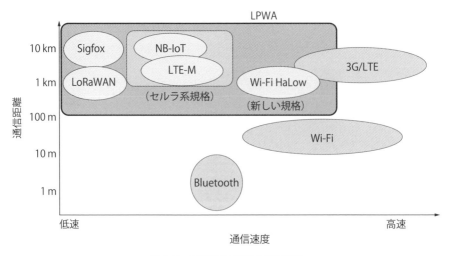

図 6.11 LPWA に分類される規格

トがあります．5G などと比較して，比較的コストが安いこと，スペック上は一つの基地局に対して多くのデバイスを接続できること，なども特長として挙げられます．なお，LPWA というのは具体的な規格の名前ではなく，無線通信のうち大まかに特性が合致しているものを指す言葉です（図 6.11）．おもな LPWA 技術として，LTE-M や NB-IoT のようなセルラ系規格のほか，LoRaWAN，Sigfox などがあります．また，新しく期待の集まる規格として，Wi-Fi HaLow が挙げられます．以下では，各方式の特徴や使い方などについて，解説していきます．

6.3.2 LoRaWAN

代表的な方式の一つが LoRaWAN です．LoRa Alliance によって仕様が策定されているため，技術仕様がオープンになっている点に特徴があります．日本では，サブギガヘルツとよばれる 920 MHz の周波数帯を使用します．この周波数帯は，2.4 GHz や 5 GHz といった従来から Wi-Fi などに使われていた周波数帯よりも低く，電波が減衰しにくいため，物理的な障害物や建物の壁を容易に通過することができます．この特性が，1 km といった長距離通信を実現する要因の一つとなっています．また，免許不要なのでゲートウェイ（基地局）を自由に設置できます．通信速度は約 250 bps ほどで，上り下りの双方向通信が可能です．

LoRaWAN のネットワーク構成を図 6.12 に示します．いわゆるスター型トポロジになっており，基地局 = ゲートウェイが通信を中継します．ゲートウェイとサー

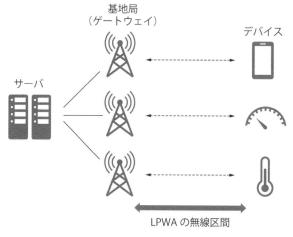

図 6.12　LoRaWAN のネットワーク構成

バ側とは，基本的には通信事業者の安定した回線で接続され，ゲートウェイとデバイスとの間が LPWA の無線区間です．このゲートウェイが近隣のデバイスからの上り信号の集約や，上位サーバからデバイスへの下り通信を中継します．ゲートウェイについては，通信事業者が設置したものが多く存在し，そのサービスに加入して利用する，という携帯電話と同じような使い方ができます．その一方で，免許が不要であることを活かして，独自にゲートウェイを設置してプライベートなネットワークを構築することも可能です．

　技術的な特徴は，CSS（Chirp Spread Spectrum）をベースとする変調方式にあります．大まかには，拡散ファクタとよばれるパラメタを利用して，感度とデータレートの間のトレードオフを調節し，バッテリー寿命を延ばします．たとえば，ゲートウェイに近い位置にあるデバイスは，遠くまで電波を飛ばす必要がないため，低い拡散ファクタでデータを送信します．反対に，ゲートウェイから数 km 離れた位置にあるデバイスは，高い拡散ファクタを用いて遠くまで電波を送信する必要があります．そして拡散ファクタを高めると，受信感度が高まると同時に，データレートが低下します．この仕組みは，データレートの最適化という意味で，適応的データレート（ADR：Adaptive Data Rate）とよばれます．また，異なる拡散ファクタを使用する通信どうしは，お互いに単なるノイズのように見えるため，同時に到着したとしても衝突せず，ゲートウェイはいずれも復調することが可能です．ただし，同じ拡散ファクタをもつ通信が同時に到着すれば，衝突が発生する可能性があります．

　LoRaWAN のセキュリティについては，接続手続き（Join Procedure）とメッセージ認証の二つの主要な機能があります．接続手続きでは，エンドデバイスとそのデバイスが接続される LoRaWAN ネットワークとの間での相互認証を確立します．エンドデバイスはジョインリクエストメッセージをジョインサーバに送信します．次にエンドデバイスは，承諾メッセージのフィールドなどに基づいて，セッションキーをローカルで導出します．ジョインサーバも，ID，ルートキー，ジョインリクエスト，ジョイン承諾メッセージのフィールドからセッションキーを導出します．導出されたセッションキーは，ネットワークサーバ，アプリケーションサーバと共有されます．つまり，個々のキーはエンドデバイスに保存され，対応するキーは各サーバに保存された状態となります．LoRaWAN では，認証済みのデバイスのみがネットワークに接続可能です．エンドデバイスとサーバ間の制御メッセージおよびデータは，セッションキーを用いてエンドツーエンドで暗号化されています．

エンドデバイスは，デバイスクラスに応じて三つのモードのいずれかで動作します．クラス A では，エンドデバイスは大部分の時間をアイドル状態（つまり，スリープモード）で過ごします．設定した条件に応じてデバイスは起動し，上り通信を開始します．その後，デバイスはネットワークからの応答を待ちます，通常は 1 秒間（設定により変更可能）の受信ウィンドウ中に下り通信を受信しない場合，デバイスは一時的にスリープに戻り，しばらくして再び応答を待ちます．この第二のウィンドウ中に応答が受信されない場合，デバイスは再びスリープ状態に戻ります．

クラス B では，クラス A と同様の受信ウインドウに加えて，定期的にスケジュールされた受信ウィンドウを提供します．つまり，エンドデバイスがネットワークからの下り通信を定期的に，固定された時間で受信する機会を用意します．そのため，このクラスはセンサデータのアップロードだけでなく，アクチュエータにも適しています．ただし，受信機会を増やすぶんだけ消費電力も増加します．さらにクラス C では，デバイスはつねに「オン」状態です．つまり，上り通信中以外，つねにダウンリンクメッセージの受信を待機しています．つねに待ち受け状態となるこのクラスは，電力を消費し続けることから，バッテリー電源ではなく給電の確保されたデバイスに向いています．

6.3.3 Sigfox

Sigfox は，フランスの SIGFOX 社により開発されたプロトコルです．「1 国につき 1 事業者」を原則とし，契約した事業者を SIGFOX Network Operator（SNO）としてその国におけるネットワークの構築運用を行う，という手法で世界各地での展開を進めていました．日本では京セラコミュニケーションシステム社が運用してきました．従来その仕様をあまり公開しないクローズドな商用プロトコルとして開発・運用されてきたのですが，SIGFOX 社が経営難に陥り，2022 年に UnaBiz 社がこれを買収する，といった事態となりました．それでも通信事業は各国で継続しており，UnaBiz 社はよりオープンな技術にしていく方向性を打ち出しており，今後の動向が注目されます．

技術的には非公開の部分も多いのですが，使用されるのは超狭帯域（Ultra-Narrow Band）とよばれる技術です．日本では，LoRaWAN と同様に，免許不要で利用可能な 920 MHz 帯を利用します．各メッセージは 100 Hz の幅をもち，小さなメッセージを効果的に伝送するように設計されています．日本では上りで通信速度 100 bps，1 回 12 バイトのデータを送信し，通信回数は 1 日最大 140 回です．下り

方向には，600 bps で 8 バイト，1 日最大 4 回のデータ送信が可能です．

　通信の成功率を高めるために，ランダムアクセスとよばれる技術を採用しています（図 6.13）．上り送信時には，デバイスはランダムなチャネルを選択して送信した後に，異なる周波数を用いて二つのレプリカ信号を送出します．さらに，ゲートウェイ側では協調受信とよばれる仕組みをもちます（図 6.14）．すなわち，Sigfox デバイスは特定の 1 基地局のみと通信するのではなく，近隣に存在する基地局すべてでメッセージを受信します．もちろん，最終的には同じデータを重複して受信しないように，データはクラウド上で管理されます．これらの技術によって，送信したメッセージが受信される確率を高めています．

　Sigfox のセキュリティ対策については，認証やリプレイ攻撃対策など，いくつかの情報が公開されています．各デバイスにはユニークな対称認証キーが付与されており，送受信メッセージには，この認証キーに基づいて計算された暗号トークンが含まれています（図 6.15）．このトークンの検証により，送信者の認証（アップリ

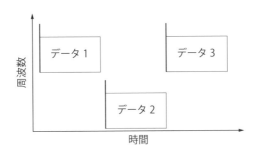

図 6.13　Sigfox におけるランダムアクセス

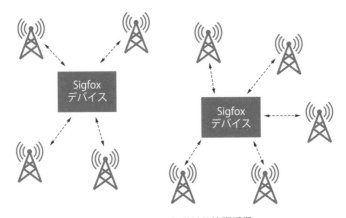

図 6.14　Sigfox における協調受信

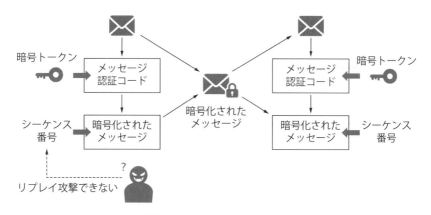

図 6.15　Sigfox における認証

ンクメッセージの場合はデバイス，ダウンリンクメッセージの場合は Sigfox ネットワーク）が行われます．なお，基地局とアプリケーションサーバの間は，VPN や HTTPS などで行われています．ここで，リプレイ攻撃とは「暗号化された情報の中身がわからずとも，それをそのまま送れば（＝ リプレイすれば）認証されてしまう」ことを利用した攻撃です．つまり，通信パケットを記録し，まったく同じものを送れば相手は正しいパケットと認識してしまいます．このリプレイ攻撃への対策として，Sigfox ではシーケンス番号を付与しています．これは，各メッセージに存在するシンプルなカウンタで，メッセージを送信するたびにインクリメントされます．シーケンス番号は，Sigfox サポートシステムによって確認され，リプレイ攻撃を検出した際には破棄します．

6.3.4 ELTRES

ELTRES は，ソニーが開発した LPWA の通信技術として知られています．日本においては，2018 年にプレサービス受付が開始され，翌年には正式なサービスがローンチされました．ソニーネットワークコミュニケーションズ社が，国内のネットワークオペレータとして運用しています．日本では 920 MHz 帯を利用しています．

ほかの LPWA 技術と比較した際の特徴として，より長距離，低消費電力かつ，高速移動中でも通信が可能とされている点が挙げられます．低消費電力については，上り方向の通信のみをサポートし，下り方向の通信を行わない設計などが寄与していると考えられます．データ送信については，1 分，10 分，1 時間間隔など定期的

な送信のほか，センサの値に応じてデータ送信を開始するようなイベント送信もサポートされています．送信データ量について，ペイロードは 16 バイトとなっています．また，GNSS による送受信同期方式が採用されており，これによって高感度受信と周波数利用の高効率化が実現されています．GNSS による高精度な時刻同期に基づいて動作する一方で，屋内など GNSS 電波が届かない場所での利用は困難であり，上り下り通信も含め割り切った設計となっているともいえます．また，LDPC という誤り訂正符号なども適用されており，エラー耐性の向上も図られています．

なお，ELTRES に限らず，あらゆる無線通信にいえることですが，「数十 km の長距離通信が可能」といっても，それは基地局との見通しが非常によい場合を指します．基地局の位置と地形によっては，山などで遮られて電波が届かなかったりすることもあります．それほど遠いわけでもないのに電波を受信できない，といったこともないとはいえません．また，基地局の位置については，安全保障の観点などで公開されていない場合もあり，実際にどこがカバーエリアに入っているか，というのは思いのほかセンシティブな話題だったりします．

6.3.5　Wi-Fi HaLow

LPWA に分類される規格の中でも新しいものが，IEEE802.11ah として標準化されている Wi-Fi HaLow です．なかなか製品が出てこなかったのですが，2022 年頃から対応製品が販売されるようになっています．Wi-Fi の名前が付いており，IEEE802.11 であることからもわかるとおり，いわゆる無線 LAN の一種です．日本では 920 MHz 帯を利用します．ここで少しだけ，Wi-Fi の歴史と Wi-Fi HaLow の位置づけについて振り返ってみましょう（図 6.16）．まず，1999 年に IEEE 802.11b（2.4 GHz 帯），そして IEEE802.11a（5 GHz 帯）が策定されました．その後も IEEE802.11g，IEEE802.11n（Wi-Fi 4），IEEE802.11ac（Wi-Fi 5），IEEE802.11ax（Wi-Fi 6）と，数多くの標準が策定され，対応製品が販売されてきました．基本的には，どんどん高速化する方向で進化を遂げてきましたが，Wi-Fi HaLow はこれらとは異なる方向性，位置づけであることがわかります．

一方で，ユーザが自前でゲートウェイを設置するプライベート型を前提としたネットワーク構成など，非常に Wi-Fi らしい特徴も備えています．無線モジュールについても，802.11ac の物理層の動作クロック周波数を 10 分の 1 にダウンクロックした規格なので，半導体の設計を一部流用することができるとされています．

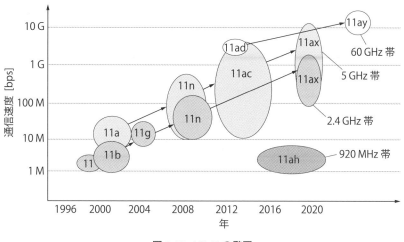

図 6.16　Wi-Fi の発展

また，MAC 層より上のプロトコルについては，基本的に 802.11ac と同じとされ
ているため，IP での通信が可能です．

　Wi-Fi HaLow は，デバイスがアイドル状態のときや通信が不要なときに省電力
モードに移行する能力をもっています．この機能により，デバイスの電力消費を最
小限に抑えることができ，長期間の運用が可能となります．通信パケットについて
も，必要最小限の情報のみを伝送するよう効率的に設計されており，電力消費を抑
制するように注意が払われています．また，最大で数 Mbps 〜 数十 Mbps と，
LPWA としては通信レートが高速な点も特長です．ただし，このような理論上の
最大レートを達成できるのは，理想的な環境で帯域を独占できるような場合です．
送信電力も大きくする必要があるため，あまり IoT 向けのユースケースでは出せ
るような通信レートではない，という点には注意が必要かもしれません．

　セキュリティ面などについては，やはり既存の Wi-Fi の規格を流用することと
されています．ただし，処理能力が高くない IoT デバイスにおいて，従来の Wi-Fi
の処理を十分に実行可能かといったことは，まだ対応製品が少なくあまりわからな
い面もあります．対応製品が増えて，スケールメリットによりコストが低下するな
ど，普及とともに取り回しがよくなっていくケースも多く，今後の展開が期待され
ます．

　ここまでに紹介したとおり，LPWA といっても複数の方式があり，それぞれの
特徴があります．その特徴に応じて，利用するプロトコルを選択することとなりま

す．わかりやすい例としては，センサの設定を遠隔から変更したいなど，何らかの下り通信を行いたい場合には，上り通信にしか対応していない ELTRES は不向きです．一方で，高速移動する自動車などにデバイスを搭載するような場合には，高速移動時の通信品質のよい ELTRES が適する可能性が高いです．ただし，通信事業者が提供するサービスである場合には，導入する地域がサービスエリア内に入っているかどうか，といった観点もかかわってきます．もしサービスエリアに入っていない場合には，自前でゲートウェイを設置できる LoRaWAN なら対応できるかもしれません．いずれにせよ，どのような規格が存在するのか，そして各規格の特徴などについての知識があれば，適切な判断を下せるようになります．

6.4　短距離無線通信

ここまで，長距離での通信を行うタイプの無線通信規格について紹介してきましたが，以下では一転して短距離型の無線通信について述べます．必要となる通信距離はシステムによって大きく異なるので，実際に通信を行う距離がどの程度か，ということを事前に考慮することが重要です．一口に短距離無線通信といっても，実際には様々な規格が含まれます．また，LPWA と同じく正式な分類ではないので，その分類は大まかなものです．ここでは，数 m 程度までをカバーする技術に着目します．

6.4.1　Bluetooth

Bluetooth は，代表的な短距離無線通信規格です．エリクソン社によって 1990 年代に開発され，その後，Bluetooth Special Interest Group（SIG）によって標準化されました．おもな特徴は，低消費電力でありながら十分なデータ転送速度をもつことです．スマートフォンやヘッドセット，キーボード，マウス，スマートウォッチなど，比較的身近なデバイスに用いられることが多いため，馴染みがあるのではないでしょうか．一般的に「ペアリング」とよばれるプロセスを通じて，二つのデバイス間の接続を確立します．このペアリングの際に，デバイスどうしは一意のアドレスと暗号化キーを交換し，第三者による不正なアクセスやデータ傍受のリスクを低減させます．Bluetooth は 2.4 GHz 帯を使用するため，混み合っている前提で，チャネル切り替えを多数回繰り返しながら通信を行う周波数ホッピングとよばれる技術を採用しています．79 個のチャネルを設定しており，1 秒間に 1000 回以上のチャネル切り替えを行うことで，近隣に同一周波数帯を利用し干渉の可能性がある

デバイスが存在していても，その影響を極力少なくすることができます．ただし，この周波数ホッピングの処理もあるため，Wi-Fiのような高速化は困難であり，最大でも1〜数Mbps程度，距離も数mから長くて数十mとなっています.

　Bluetoothも，バージョンの進化とともに，通信速度の向上や消費電力の削減，通信距離の拡張など，多くの改良を重ねてきました（**図6.17**）．たとえば，Bluetooth 5.0では，データ転送速度が2倍に向上し，通信範囲も4倍に広がりました．その一つ前の世代であるBluetooth 4.0からは，Bluetooth Low Energy（BLE）が導入され，低消費電力での通信が可能となりました．とくにこのBLEは，IoT向けのプロトコルという色合いが強いです．BLEの最大の特徴は，その名のとおり，低消費電力であることです．従来のBluetoothと比較して，待機時の消費電力が大幅に削減されており，小型の電池で長時間の動作が可能となっています．ウェアラブルデバイスやセンサ，ヘルスケアデバイスなど，電池の持続時間が要求されるデバイスに向いています．消費電力の低減を実現した要因は，その通信プロセスです．通常のBluetoothと異なり，接続時間が非常に短縮され，デバイスはほとんどの時間をスリープ状態で過ごします．必要なときだけ起動してデータ伝送を行うことで，待機時の消費電力が大幅に削減されています．電池交換やバッテリー充電を頻繁に行いたくないユースケースについては，BLEの使用を検討することが考えられます.

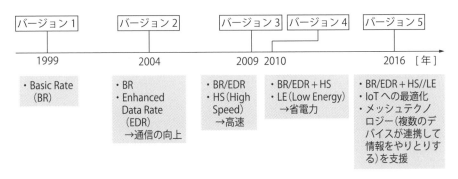

図 6.17　Bluetooth の発展

6.4.2　IEEE802.15.4

　様々な近距離無線通信プロトコルのベースとなっている規格として，IEEE802.15.4が挙げられます．Low-Rate Wireless Personal Area Network（LR-WPAN）とよばれ，パーソナルエリアという名称からも，LANよりも狭い範囲を対象としていること

がわかります．基本的には低データレート，低消費電力，短距離の無線通信を目的
とした標準であり，センサネットワークなどバッテリー駆動のデバイスを想定して
設計されています．通信レートは最大で 250 kbps と，Bluetooth と比較してもさら
に低速です．この標準の特徴として，独自のフレーム構造やアドレス方式，さらに
はエネルギー効率を高めるための様々な機構が盛り込まれています．具体的には
2.4 GHz，915 MHz，868 MHz の異なる周波数帯域をサポートしており，地域や
用途に応じて最適な周波数帯を選択することができます．2.4 GHz 帯では全世界で
利用可能な 16 チャネル，915 MHz 帯では北米で使用可能な 10 チャネル，
868 MHz 帯ではヨーロッパで使用可能な 1 チャネルがそれぞれ定義されています．
アドレスとしては，64 ビットの拡張アドレスおよび 16 ビットの短縮アドレスをサ
ポートしており，ある程度の数のデバイスを接続することを想定しています．また
CSMA/CA を採用しており，複数デバイス間での信号の衝突を避ける機構も備え
ています．エネルギー効率の向上のための機能として，ビーコンフレームを使用し
て規定のタイミングでのみデバイスをアクティブ化することが可能です．BLE な
どと同様に，スリープ状態となる時間を長くすることで，デバイスの電力消費を大
幅に削減します．

　そして，この IEEE802.15.4 をベースにしたプロトコルとして有名なのが，ZigBee
や 6LoWPAN（IPv6 over Low power Wireless Personal Area Networks）です．正
確には，IEEE802.15.4 はレイヤ 1 〜 2 を規定しており，その上のレイヤ 3（ネッ
トワーク層）にあたるプロトコルの選択肢として，これらがあります．ZigBee は，
2.4 GHz の電波を用いて，接続距離 100 m 程度で多数のノードを接続可能です．
ZigBee デバイスは，ツリー型，スター型，メッシュ型などのトポロジを構成する
ことができます（図 6.18）．データを中継するノードをルータ，ネットワークを管
理するノードをコーディネータとよびます．いわゆるツリーの「葉」に当たるよう
なデバイスはエンドデバイスとよばれ，通信を行わないときにはスリープ状態に移

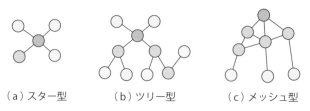

（a）スター型　　　（b）ツリー型　　　（c）メッシュ型

図 6.18　ZigBee のネットワークトポロジ

行できるように規定されています．エンドデバイスはコーディネータに対して接続要求を行い，コーディネータはこれを許可します．エンドデバイスは，ゲートウェイを介してインターネット側と接続しますが，通常はコーディネータがこの役割を担います．ゲートウェイが必要なのは，ZigBee は独自のアドレッシングを行い，TCP/IP に則った通信を行っているわけではないためです．ここまでに解説してきたとおり，インターネットで利用されているプロトコルスタックは TCP/IP なので，TCP/IP ベースでないプロトコルを用いた場合には，直接インターネットと通信することはできません．

　一方で，6LoWPAN については，その名称に IPv6 という言葉が入っているとおり，IPv6 に準拠したアドレスを用います．つまり，エンドデバイスがインターネットと通信する際の親和性が高く，理論上はゲートウェイを介さずとも通信できるわけです．ただし，低速でパケットサイズの小さいネットワークにおいて IPv6 をそのまま利用するのは，非現実的です．IPv6 パケットにおいて，ヘッダは通常 40 バイトの固定長であり，最短データ長は 1280 バイトです．それに対して IEEE802.15.4 の最大パケット長は 127 バイトであり，IPv6 パケットを転送しようとすれば，フラグメントが多く発生する計算となり，フラグメントしたパケットに対して IPv6 ヘッダを付与していては，ペイロード部分が小さくなってしまいます．もちろん，最初から IPv6 パケットのサイズを制限したとしても，同じことが起こります．この問題を解決するために，6LoWPAN はヘッダ情報を効率的に圧縮し，最小限のオーバーヘッドで IPv6 パケットを伝送する圧縮技術を採用しています．この圧縮技術は，特定のフィールドのデフォルト値や，既知の共通パターンを利用してヘッダのサイズを削減します．また 6LoWPAN は，標準の IPv6 アドレッシングスキームと短縮された 16 ビットのローカルアドレスの両方をサポートしています．このアドレスの短縮形式は，ローカル通信のために内部的に使用され，エンドツーエンドの通信には完全な IPv6 アドレスが用いられます．先述のとおり，IPv6 パケットに対して無線区間のパケットサイズが小さいので，頻発するフラグメンテーションと再組み立てを行いやすいような仕組みも搭載しています．また，リソースの限られた無線区間でブロードキャストを行うことは推奨されないため，ユニキャストでの問い合わせを行う近隣探索が実装されています．当然，データの暗号化や認証のメカニズムなどセキュリティ面もサポートしています．

　このように，IEEE802.15.4 ベースのプロトコルでは，ローカルなメッシュネットワークを構築でき，さらにインターネットとの相互接続が想定されています．こ

れは Bluetooth が基本的にはデバイス間での直接の通信を志向していたのとは対照的です．ただし，Bluetooth も 5.0 ではメッシュネットワークが規定されており，多数のデバイスでの相互通信が可能となってきています．

6.4.3 RFID

より軽量で一方向的な無線通信技術としては，RFID があります．RFID では，タグとリーダが存在し，タグに付与された情報を，リーダが無線によって読み取ります．モノにタグを付けておき，物理的な接触や直接の視認をせずにデータの識別・収集が可能となるため，店舗でのレジや在庫管理，倉庫など物流関連の利用，といったユースケースがメジャーです．ここまでに紹介してきた技術とは少し様相が異なりますが，IoT を支える無線通信技術の一つです．Suica をはじめとする多くの交通系カードで利用されている FeliCa や，スマートフォンによく搭載されている NFC も，技術的には RFID に分類されます．

RFID タグは，基本的にはアンテナとそれに接続される集積回路（IC）から構成されます．この IC には，一般的に数十バイト ～ 数キロバイトほどのデータが格納されます．RFID タグには，電源を必要とするアクティブタグと，リーダからの信号によって動作するパッシブタグとが存在します．パッシブタグは電池を必要としないため，コンパクトで低コストである一方，通信距離は限られています．一方でアクティブタグは，内蔵の電源を使用して動作し，通信距離が長くなりますが，サイズやコストが高くなります．また，これらの特性を併せもつセミアクティブなタグも存在します．RFID リーダは，RFID タグからの情報を受信し，それをデジタルデータとして処理・転送するデバイスです．リーダは，送信機と受信機の両方の機能をもつことが一般的で，タグとの間で双方向の通信が可能です．多くのケースでは，リーダが受け取った情報を，インターネットを介してデータベースに転送するようなシステムが構成されます（図 6.19）．

RFID の周波数帯域は，低周波（LF），高周波（HF），超高周波（UHF），マイ

図 6.19　RFID タグとリーダ

クロ波帯など，複数あります．使用する周波数によって，読み取り距離，データ転送速度などの特性が異なってきます．LF と HF は，数十 cm といった短い通信距離で，環境の影響を受けにくいため，電子マネーにおける非接触決済，社員証などの IC カードといった用途で使用されることが多いです．UHF は，数 m ほどの通信が可能であり，大量のタグの迅速なスキャンが要求される用途，たとえば物流や在庫管理においておもに用いられます．

近年，RFID タグの低価格化が進むとともに，非接触決済や物流管理の用途で導入されるケースが多くなってきています．印刷技術などによって，さらなる低価格化を目指す取り組みも進んでおり，今後も RFID が活用される場面は増えていくことが想定されます．同じ短距離の無線通信でも，Bluetooth や ZigBee などは双方向の通信だったのに対して，RFID は片方向の通信であり，基本的にはデータの読み取り技術です．そのため RFID は，バーコードや QR コードと比較されることも多いです．非接触でデータを読み取る技術という観点では，これらのコードとも似ている面があるためです．QR コードはリーダから見える必要がありますが，RFID は見えなくてよい，といったメリットがあります．このように，ある面で似た技術が多く存在し，それぞれに局面に応じたメリット，デメリットが存在するため，それらを理解して使い分けることが重要なのです．

6.4.4 可視光通信

一方で，「見る」ことで通信する無線通信の技術も存在します．無線通信では，周波数／波長こそ違えど，いずれも何らかの「電磁波」を用いています．周波数によって伝搬の特性が異なるため，到達距離や伝送容量，透過性や直進性などが異なります．そのような物理的な特性の違いが，ここまで述べてきた規格ごとのスペックの違いや，適したユースケースの違いへと直結しています．様々な周波数の電磁波の中で，人間の目に見える周波数のものは可視光線とよばれます（図 6.20）．この可視光帯を用いた無線通信のことを，可視光通信（visible light communication）といいます．

可視光通信というコンセプトはかなり前から存在し，なかなか普及してこなかった面がありますが，2022 年頃からは LiFi という技術に対応したモジュールが出回るようになってきています．LiFi は，おもに天井照明を用いて光源の明るさを非常に高速で変調することにより，デジタルデータを伝送します．この変調はヒトの眼には認識できないほど高速で行われ，特定の受信機を用いることでデータを受

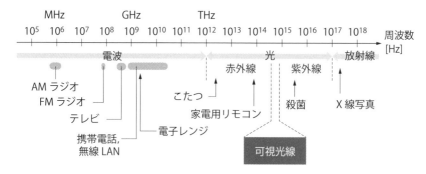

図 6.20　電磁波の周波数

信・解読することができます．理論上は Wi-Fi よりも高速な伝送が可能であり，また壁などを透過しないため干渉の問題が起こりにくい，といったメリットがあります．Wi-Fi などの電波と異なり壁などを透過しない特性は，セキュリティ面ではメリットといえますが，到達距離が限定されるという点ではデメリットとも捉えられます．

　受信機は，フォトダイオードから構成されるフォトディテクタとよばれるデバイスであり，高速で変調される光のパターンを検出し，それを電子信号に変換します．この受信モジュールが光を受ける必要があるため，スマートフォンをポケットやカバンに入れた状態ではデータを受信できません．このように可視光の特性から生じるメリット・デメリットがありクセが強いともいえるのですが，Wi-Fi などと併用し，相互補完的に普及していくことが期待されます．

　また，同じ可視光通信でも専用の受信デバイスを用いずに，カメラで撮影して受信する手法は光カメラ通信（Optical Camera Communication：OCC）とよばれます．受信側の動作としては，カメラで撮影した動画像の中から光源の占めるピクセルを抽出し，当該領域の RGB 値などから信号を復調します（図 6.21）．スマートフォンなどをはじめとしたスマートデバイスのほか，Web カメラなど既存のデバイスを用いて通信を行えるようになります．一方で，光信号の受信レートがカメラのフレームレートに律速されるため，通信レートが一般的に低速である点には留意する必要があります．ある意味，カメラを「眼」としてデジタルデータを「視る」方法ともいえるかもしれません．イメージとしては QR コードを撮影することに近いですが，データの表現方法（符号化や変調などとよばれます）が異なります．

　なお，可視光通信の活用が期待されるユースケースの一つとして，水中通信が挙げられます．水中では電波の減衰が大きく，セルラで用いられるような周波数では

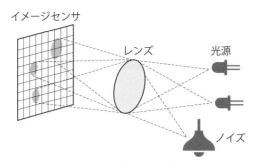

図 6.21　光カメラ通信

まったく通信できません．水中では可視光も波長に応じた影響（吸収・散乱）を受けますが，それでもある程度の距離を飛ばすことができ，通信に利用することができます．従来，水中では音波を用いた通信が行われてきましたが，相互補完的なオプションとして可視光通信の研究開発も進んできています．

6.5　無線通信規格の選定指針

6.5.1　選定時の観点・評価軸

本章で紹介した無線通信技術について，いくつかの観点から大まかに比較しながら，その選定指針を示します．無線通信規格を選定する際には，以下のような観点が重要となります．

- **通信距離**：デバイス間の通信がどの程度の距離で可能であるか．
- **データレート**：どの程度の速度でデータを送受信できるか．
- **消費電力**：通信を行うための電力消費はどの程度か．
- **セキュリティ特性**：通信の安全性はどの程度保たれているか．

これらの観点に基づいて，システムの要件と規格の特性を照らし合わせ，最も適した規格を選定します．

6.5.2　セルラ通信（4G/5G）

携帯電話など移動体向けのネットワークであるセルラ通信は，キャリアのサービスに加入してさえいれば，実質的にほとんどどこでも，何も考えなくてもインターネットへつながります．エンドデバイスは直接的には近隣の基地局と通信を行いますが，エリアを移動した際にはハンドオーバとよばれる処理により，ネットワーク側で自動的に接続先の切り替えを行います．これらの特性から，移動体通信や広範

囲なエリアをカバーする必要があるシステムに適しています。データレートや遅延，セキュリティなど各観点について，基本的に高いレベルにあり，安定して稼働しています。4G/5G などの世代ごとに通信設備が異なるため，キャリアによって（総務省の要請などにも依存しますが）各サービスのカバーエリアや品質に差異があるものの，都市部から郊外に至るまでかなり広いエリアをカバーしている点では違いありません。ローカル 5G とよばれる形態では，独自に高品質なネットワークを構築でき，Wi-Fi に代わる選択肢となることも期待されますが，コストが高い点がネックといえます。

　これは，セルラ通信を IoT 用途で用いる際の一般的な課題でもあります。ほかの無線通信規格と比較すると，品質が高く安定している反面，それだけ高くつくのです。予算さえ十分にあるのであれば，設計などほとんど何も考えなくても済むセルラを契約してしまう，というのは一つの選択肢だと思います。ただし，一般的には IoT 用途としてはぜいたくすぎる規格といえ，ほかの規格を検討するケースが多くなります。さらに別の観点として，電力消費が決して低くはないという欠点があり，充電や電池交換なしで長時間稼働させたい場合などには，ほかの消費電力が少ない規格を優先的に検討するのが適しています。また，ローカルで通信できれば十分なときにも，わざわざ基地局などのキャリアネットワークを介さず，ローカルで直接通信できるような規格を採用するのが理にかなっているでしょう。

6.5.3 LPWA

　消費電力が重要な制約となる場合には，LPWA は有力なオプションとなり得ます。使い方によっては，小さな電池で動作するデバイスを，数か月〜数年といった長期間にわたって運用することができます。ここでいう使い方とは，そのままデータ送信回数や送信量を指すので，少量のデータをときどきアップロードするような小型センサなどに用いるのが一般的です。インターネットへの接続を前提とするケースも多いので，とくにクラウドサーバに定期的にデータをレポートするようなユースケースに向いているといえるでしょう。一つの基地局で長距離をカバーするため，少々遠隔地でも事業者のサービスエリアに入っている確率が高くなっています。極端にいってしまうと，「これだけのデータ通信のために通常のセルラ契約を行うのはもったいない」ようなケースには適している可能性が高いです。いずれにせよ，データ量や回数は限られているので，実際にどれだけのデータを送受信することになるのかがわからないと，適不適もわからないといえます。

LPWA に分類される規格としては，LTE-M や NB-IoT などのセルラ系規格のほか，LoRaWAN, Sigfox, Wi-Fi HaLow などがあります．どれでもよいわけではなく，それぞれ特徴が異なるので，実際にはきちんと比較検討するべきです．主要な項目としては，自前で基地局を設置できるか，下り通信が可能か，といった点が挙げられます．通信キャリアのサービスエリア外などで自前でゲートウェイを設置する場合には LoRaWAN が適するでしょう．また，センサの設定を遠隔で変更するような場合には下り通信が必要となり，それに対応した規格を選択しなければなりません．

6.5.4 短距離無線通信（Bluetooth, ZigBee など）

本章で短距離無線通信として扱った技術としては，Bluetooth, ZigBee, RFID など異なる規格が含まれます．これらに共通するのは，ローカルにデバイス間で直接的にデータ通信を行うための規格である，ということです．たとえば Bluetooth は，イヤフォンやマウスなどを親機となるスマートフォンやパソコンに接続する際によく用いられます．イヤフォンやマウスなどが直接インターネットへとつながることはなく，あくまでローカルにデバイスどうしをつなげています．もちろんセルラ通信でも，デバイスが直接的に接続されるのは基地局なのですが，ローカルなデバイスどうしで通信するための規格ではない，という点に大きな違いがあります．短距離通信規格は，家庭内やオフィス内などの近距離での通信に特化しています．これらの規格は，消費電力が低く，短時間でのデータ転送に適しています．スマートホームのデバイス制御や，ウェアラブルデバイスとスマートフォンの間での通信など，身近な場所での小規模なデータ転送に最適です．

つまり，デバイスどうしをローカルに無線接続したいとき，インターネットなどを経由して接続するのは非効率であり，短距離無線通信が有効です．クラウドなどへデータを直接アップロードするわけでなく，親機のようなデバイスやゲートウェイを介してアップロードする場合や，デバイスの制御を行う場合などが考えられます．Bluetooth は世代が進むごとに高速化が進んでいますが，その中でもとくに BLE は低消費電力性に優れており，ウェアラブルデバイスやセンサ，ヘルスケア関連デバイスなど，電池の持続時間が要求されるデバイスに向いています．ただし，通信距離は限られているため，何らかの親機とともに利用するなどの工夫が求められます．また，近距離で多数のデバイスを接続するようなケースでは，IEEE802.15.4 をベースにしたプロトコルである ZigBee や 6LoWPAN などが選択

肢に入ります．ただし，データレートが高いわけではない点には注意が必要です．

また，無線通信というより非接触のタグ読み取り機能として認識されることが多いRFIDも，近距離無線通信の一つです．モノにタグを付与しておき，物理的な接触や直接の視認をせずにデータの識別・収集が可能です．QRコードはリーダから見える必要がありますが，RFIDは見えなくてよい，といったメリットがあります．近年，RFIDタグの低価格化とともに，非接触決済や在庫・物流管理の用途で導入されるケースが多くなってきています．多くのモノを低コストで管理するようなケースでは，RFIDの採用を検討するのがよいでしょう．

可視光通信は電波を使用しないため，電波の届かない場所や，電波による影響が懸念される場所での利用に適しています．壁などを透過しない特性は，セキュリティ面ではメリットといえ，データ漏洩のリスクが低いのが特長です．一方で，到達距離が限定されることはデメリットととも捉えられます．また，受信モジュールが光を受ける必要があるため，たとえばデバイスをポケットに入れた状態ではデータを受信できません．なお，同じ可視光通信でも専用の受信デバイスを用いずに，カメラで撮影して受信する光カメラ通信とよばれる手法も存在します．可視光の特性から生じるメリット・デメリットがありますが，水中通信など従来にない通信チャネルとしての活用が普及していくことが想定されます．

第6章のまとめ

　本章では，IoT向けによく利用される無線通信技術について紹介しました．同じ無線通信でも，規格によって到達距離やデータレート，また通信タイミングや双方向性など，その特性が大きく異なります．デバイスどうしをつなぐタイプの通信もあれば，インターネット上のクラウドサーバと通信することを前提とした通信もあります．基地局／ゲートウェイが必要となるか，その場合に通信事業者のサービスに加入するのか，自前で用意するのか，といった導入形態も規格によって異なります．デバイスが送受信するデータサイズ，設置する場所，必要となる通信タイミングなど，まさにシステムの仕様に応じて適した通信規格は異なります．また当然，前章で記述した上位側プロトコルとの相性や利用の方法とも相互にかかわりがあります．IPベースか否か，というZigBeeと6LoWPANのケースなどは顕著な例といえます．

Chapter **7** 今後の展開

いまやインターネットは生活に欠かせないインフラとなり，ネットワーク技術を利用しない日はないくらいです．IoT もすでに当たり前の概念となっており，今後も様々なアプリケーションが登場することが期待されます．それとともに，新たな技術もまた次々と開発されていくでしょう．本書ではここまで，様々な通信プロトコル，通信規格について，その位置づけや適用領域に着目して解説してきましたが，締めくくりとして，多様なネットワーク技術の捉え方や，近年の技術動向について述べ，今後に役立つ考え方を紹介していきます．

7.1 ネットワーク技術の捉え方

7.1.1 通信プロトコルの進化

インターネット誕生以来，通信速度は向上を続けてきています．ブロードバンド回線や光アクセスサービスの普及，あるいはセルラシステムの世代交代などにより高速化が進んでいることはご存じのとおりです．もちろん，低速なプロトコルが開発されることはありますが，セルラ，Wi-Fi，Bluetooth をはじめとして，基本的には各種の規格は，バージョンアップとともに速度の向上が進んでいます．宣伝文句として比較的よく見かける「最大 x Gbps」のような表記は，理論上の最大通信速度を表しており，実効レートとしてはかなり小さくなる，ということもご存じかと思います．無線通信の電波の強度と距離，障害物などといった環境の影響，複数のデバイスでネットワーク帯域を分け合う効果のほか，現実世界には様々なノイズも存在します．

先述したとおり 5G の導入が進行中であり，特徴としては，大容量・低遅延・多端末接続という要素が中心となっています．この意味では，単なる高速化だけではなく，低遅延のニーズも増しているのです．5G においては，無線部分での遅延はLTE の 1/5 の 1 ms 秒以下を目指しており，全体的には数十 ms 未満を求めています．この進化は，リアルタイムの要求が高まるストリーミングや機器の遠隔操作などと並行する形で進行しています．高速通信だけでなく，各レイヤにおいて低遅延

を確保する技術も研究・採用されつつあります.

　一方で，LPWA のような低速通信プロトコルの発展も見受けられます．LPWA は，低電力で広範囲にわたるデータ通信を提供するための技術群を指す用語として用いられることは前章で扱いました．この技術は，数百 m から数 km の通信範囲を目指しており，LoRaWAN，Sigfox，ELTRES，IEEE802.11ah（Wi-Fi HaLow）などが主要な規格として知られています．これらの通信規格は，消費電力の低減を優先するため，通信速度を数十 kbps 程度に制限しています．LPWA 技術は，IoT デバイス，とくにセンサなどへの適用が見込まれ，省エネルギーや低メンテナンスというコンピュータシステムの持続性向上の観点から重要とされています．

　IoT ではとくに，通信を行う宛先がどこにいるのか，ということもシステムに応じて千差万別です．デバイス間通信で接続できる近隣のデバイスであるのか，ローカルネットワーク内に設置されたサーバであるのか，あるいはクラウドサーバであるのか，など色々なケースがあり得ます．こんなとき，ボトルネックがどこにあるのか，という観点も一つのポイントとなります．LPWA のような低速なネットワークを利用している場合には，無線区間を通りさえすればクラウドサーバまで到達するのは容易だと考えられます．一方で，遠隔地にある Wi-Fi などの場合，Wi-Fi 区間そのものではなく，ISP のエッジルータへの回線がボトルネックとなっているようなケースもわりとあります．インターネットは非常に多くのネットワーク機器から構成され，また中の様子がわからないブラックボックスな面もあります．必ずしも手元の回線がボトルネックであるとは限らず，システムによってはサーバ周りで何らかの遅延が発生しているような場合もあります．こうした可能性があることも念頭に置いて，ボトルネックになり得る箇所がどこなのか，どこを増強すべきなのか，などを考えることは時に重要です．

7.1.2　通信デバイスの多様化

　インターネットにつながる IoT デバイスは，数・種類ともに増大してきました．かつてはおもに PC，サーバ，スマートフォンなどのデバイスが中心でしたが，現代では多種多様なセンサやスマートデバイスが広まっています．「スマートデバイス」という言葉の一般的な意味合いは，インターネットに接続できる高機能デバイスであり，スマートウォッチなどのウェアラブル技術が典型的な例です．さらに，家電やセンサをインターネットと結びつけて制御するシステム，サービスも急速に成長しています．また，ドローンや自動車のようなモビリティデバイスも，ネット

ワークへの接続が常識となってきています.

　過去を振り返ると，通信デバイスの能力（処理速度やメモリの容量）はほぼ一貫して進化してきました．将来も，各デバイスの能力はさらなる向上が期待されます．しかし，低価格のセンサや低性能なデバイスも多く，多種多様なデバイスが共存する時代が続くでしょう．ネットワーク技術の向上に伴い，過酷な環境，たとえば屋外や水中に配備されるデバイスの数も増加しています．このようなデバイスにおいては，維持や交換が難しく，電力消費に関する制約が強いことも珍しくありません．したがって，デバイスの多様性が進む中で，様々な制約条件下での通信技術の重要性も増しています．例として，高い処理能力をもつデバイス向けの高度な制御アルゴリズムは，低性能デバイスでは実行困難であることがあります．また，高速で信頼性の高いネットワーク向けの方法が，低速で不安定な接続には合わないことも考慮すべきです.

7.1.3　接続先の多様化

　21世紀初頭から，インターネットを通じてコンピューティングリソースを提供あるいは受け取るクラウドコンピューティングの採用が加速しました．その例として，Googleが提供するGmailやGoogleドライブが挙げられます．利用者はインターネットを介して，データセンタで保存されている情報のアクセスや更新を行います．クラウドコンピューティングの特徴は，事業者が大規模なデータセンタでサーバやストレージなどのリソースを集中的に管理することです．利用者の側から見れば，スマートフォンなどのデバイスで，データセンタの豊富なリソースを手軽に使用できる利点があります.

　一方，リソースを分散させるエッジコンピューティングも注目されています．エッジコンピューティングとは，クラウドコンピューティングの枠組みをもちながら，できるだけ利用者の近くでデータ処理を行うコンセプトを指します．これは，低遅延が要求されるアプリケーションで，利用者とデータセンタの距離が過大になることを防ぐための策として生まれました．リソースが過度に中心化されると，利用者のデバイスからデータセンタまでの距離が増大し，伝搬の遅延が顕著となる可能性があるのです．例を挙げると，光ファイバを通じた信号の伝搬は，1 kmごとに約5 μsかかり，100 kmを往復すると，伝搬遅延として約1 msが生じます.

　さらに，深層学習を活用したAIサービスが人気を博している現在，大量のデータ収集が一般的ですが，デバイス側でのAI学習や予測を行うエッジAIも注目さ

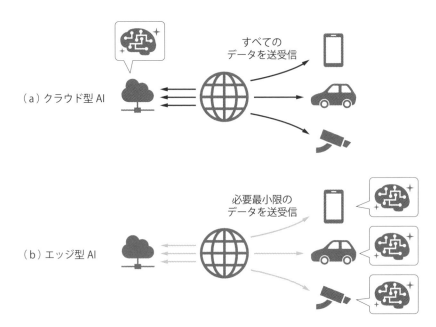

図 7.1　クラウド型 AI とエッジ型 AI

れています．クラウド型 AI とエッジ型 AI の違いを，**図 7.1** に示します．エッジ型 AI では，すべてのデータをネットワークに送信する必要がないため，ネットワーク帯域やセキュリティの観点で有利であると考えられます．ただし，リソースの限られた IoT デバイスでは，実際にどこまで処理できるのか，といった面が課題となります．様々なシステム設計の選択肢が存在する中で，最適な選択は用途や条件により異なります．多様な選択肢があることは，最良のシステムを構築する機会を増やすだけでなく，必要とされる知識も増加すると捉えられます．

7.2　近年の動向と方向性

7.2.1　ロングファットパイプ

通信環境の進化に伴って，最適な技術やプロトコルも変動してきます．ここでは IoT に限らず，通信環境の変遷とその時々での技術的課題と解決策について，簡潔に説明します．過去の事例を考察することで，将来的な参考となる洞察を得られるでしょう．

1990 年代からのインターネットの広がりを受けて，ネットワークの速度は目覚ましく向上してきました．Gbps 級の光ファイバ接続などが一般的になり，通信速

度の向上が進みました．さらに，クラウドコンピューティングの浸透に伴い，遠隔地のデータセンタとの間での通信も日常的になりました．何度も言及しているように，長距離通信には物理的な信号の伝搬遅延が，避けられない要因として存在します．具体的には，太平洋を越える海底ケーブルを介した通信の遅延は 50 ms 以上となります．このような広範囲で遅延の大きな通信環境は，ロングファットパイプとして知られています．

　ロングファットパイプが一般化する中で，過去の主流であった手法の限界が明らかとなってきました．とくに，NewReno という TCP の輻輳制御アルゴリズムの性能問題が顕在化しました．NewReno は，以前の低速かつ低信頼性のネットワーク環境に合わせて開発されたため，現代の高速・高遅延環境では効率的に動作しなくなっています（**図 7.2**）．具体的には，NewReno は，パケットロスをきっかけにしたスループットの減少と，輻輳ウインドウサイズの遅い増加により，広帯域を最大限に活用することが難しくなっています．また，送信元ノードは，ACK の受信時に RTT を測定し，それに基づいて輻輳ウインドウサイズを更新しています．このプロセスにおいて，RTT の増加が続くと，データの送信間隔が延長され，結果としてスループットの低下を引き起こします（**図 7.3**）．この事例を通じて，特定の環境に適合する技術が，新しい環境下で効果的でなくなることが理解されます．単に既存の手法に固執することのリスクは，技術だけでなく人間社会にも共通する現象であるといえます．

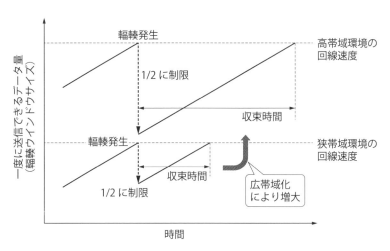

図 7.2　広帯域化に伴う収束時間の増加

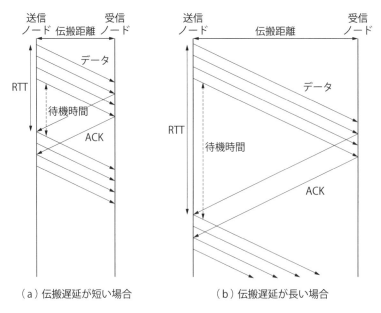

（a）伝搬遅延が短い場合　　　　　　（b）伝搬遅延が長い場合

図 7.3　高遅延化に伴う待機時間の増加

7.2.2　Web 関連の動向

　Web 関連の動向として，Web3.0 が注目されています．この Web3.0 は，中央集権ではない，分散型のインターネットのことを指します．Web1.0 を起点に，2.0 を経て，3.0 への変遷は図 7.4 で示されています．1990 年代の Web1.0 は，おもに情報が一方的に発信される形態であり，ユーザ間の対話はあまり見られませんでした．一方，2000 年から 2020 年にかけての Web2.0 の時代には，SNS の拡大を通じてユーザどうしのコミュニケーションが活発になりました．この時代には，写真や動画の共有，さらには YouTuber やインフルエンサーという新たな職種も登場しました．しかし，GAFAM などの大手企業による情報の独占や，それに伴う個人情報の広告目的の利用が増えたことで，それらに対する反発のほか，プライバシーやセキュリティの懸念が高まりました．

　Web3.0 は，ブロックチェーンの導入を通じて，中央管理者を不要とするサービスを提供することが注目されています．そのため，データが一元管理されるリスクが低減し，情報の集中化や流出の危険性が減少するとされています．現段階では，仮想通貨取引所などが Web3.0 のコンセプトを取り入れてサービスを提供しています．加えて，ゲームやメタバースなどの分野でも Web3.0 との相性がよいとされて

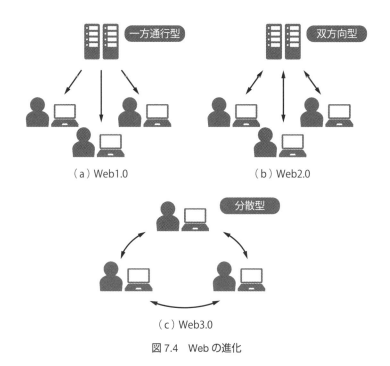

（a）Web1.0 （b）Web2.0

（c）Web3.0

図 7.4　Web の進化

います．

　とはいえ，Web2.0 が即座に Web3.0 に完全に取って代わられるとは考えられません．現在の Web3.0 関連のサービスには，技術的な障壁やブロックチェーン固有のスケーラビリティの問題も存在します．また，法制度が追いついていない点や，不正な取引などのリスクも無視できません．Web2.0 にはその独自の利点があり，両者が共存する可能性が高いと見られます．結局のところ，サービス利用者の体験としては，Web2.0 と Web3.0 の間に根本的な違いは少ないかもしれません．しかし，Web3.0 の関連技術やサービスは，今後も進化を続けることが期待されます．その結果，Web3.0 がより一般的な存在となっている日が来るかもしれません．

7.3　ネットワーク技術にかかわる人に向けて

7.3.1　プロトコルの進化と背景の理解

　本書では，IoT に関するネットワーク技術について，システムの設計プロセスに着目し，技術の目利きや使い分けができるように，ということを念頭に解説を行ってきました．その結びとして，ネットワーク技術に関連した領域について，とくに

今後の研究開発やそれに携わる人に向けたまとめを記します.

この本で何度も触れてきたように,インターネットの誕生から,ネットワーク技術はつねに進化してきました.いまでは私たちの日常やビジネスにおいて,ネットワークはインフラとして欠かせないものとなっています.IoT という文脈でも,新たな技術がどんどん登場し,それと並行して新たなアプリケーションが登場しています.よって,採用される技術やプロトコル,装置も,時の流れとともに変化しており,かつて主流だったプロトコルが現在では使われることがない,という状況もよくあります.その一方で,古い(レガシーとよばれる)機器が現在でも稼働しており,それがシステム更新を難しくしている場合も(わりとよく)あります.

これから先も,新しいアプリケーションの誕生や生活の変遷とともに,多様なプロトコルが登場し続けるでしょう.その際,ICT 領域の技術者は,技術のトレンドにキャッチアップしていく必要があるはずです.しかし,一定の知識あるいは見識があれば,新しいプロトコルが導入されたとしても,比較的容易に特性を理解することは可能です.もちろん,細かい仕様についてはドキュメントを参照するしかないのですが,そこまでせずとも大まかな理解ができる,という意味です.たとえばQUIC が登場した際にも,「UDP 上に TCP の特性を組み込んだアプローチ」として,既知の技術の組み合わせで捉えることができました.これは,通信プロトコルが人間によって策定され,ディスカッションを経て定義されてきた,という実態を示していると思います.ネットワーク技術の勉強には,決まり事の学習,という色が強くあるのも事実です.そのとき,決まり事の背景にある考え方や工夫などを理解しないと,ただ覚えるだけのマニュアルのようになってしまうおそれがあります.その一方で,背景にある考え方や工夫のポイントさえ理解しておけば,後で応用が効きやすい,ということも同時にいえるのです.いい換えれば,基本的な考え方を理解し,ものの見方のようなものを養っておけば,新たな技術や変化にも柔軟に対応できると考えられます.この考え方に基づいて,本書では単に仕様を記述するのではなく,プロトコル・規格ごとの考え方や違いなどに触れるように注意しました.

7.3.2 ネットワークシステムの構築・運用と技術開発

先述のとおり,本書では考え方や技術の見方を体得し,システムの設計に生かせるように,ということを意図しました.その反面,各プロトコルの細かい仕様などについては,あまり詳しく取り扱っていません.とはいえ,細かい仕様まで記述していては本が何冊も必要になってしまいます.実際にシステムを構築するようなと

きには，詳しいドキュメントなどを参照する必要があります．このあたりは，技術に対するかかわり方によっても適切な重みが変わってきますので，各技術要素については，必要に応じてより詳しい書籍などを確認するのがよいでしょう．

ネットワーク技術は，IoT システムにおいて必須の構成要素ですが，個人のかかわり方は様々です．シンプルにユーザとして利用する人，ネットワークの設計・構築や運用を行うネットワークエンジニア，いわゆるアプリ寄りのエンジニア，サーバサイドのエンジニアなど，それぞれ求められる知識は異なります．また実際には，設計と運用では求められる知識や技術，考え方が異なってきます．設計段階においては，様々な技術的な選択肢を比較検討する必要があります．システムの要件に照らして最適なものを選択し，物理的な構成や論理的な設定などを決めていくことになります．このとき，選択肢となる技術のメリット・デメリットなどを評価できるような体系的な知識があることが理想です．一方で，運用の段階においては，現システムの構成や具体的に使われている機器・プロトコルの知識がより求められます．

7.3.3 ネットワーク技術の評価について

ネットワークシステムの設計あるいはネットワーク技術の選定において，どのように性能を見積もるか，というのはそんなに簡単なことではありません．もちろん，大まかな情報はスペックからわかりますし，そこまで性能にシビアではない場合もあります．ただ，スペックといっても「最大 x Gbps」のような記述がそんなに参考にならない，といったこともあります．ここでは，最後にほんの少しですがネットワーク技術の評価について述べます．

ネットワーク技術の評価方法には，高度な数学的分析から，シンプルな手続きの確認まで，多岐にわたる手法が存在します．どの手法が最も適しているかは，対象となるケースによって変わります．しかしながら，どのアプローチを選択する場合であっても，特定のプロトコルや方法の動作を詳細に確認し，その効果や性能に一定の信頼性をもたらすことが重要です．要するに，「直感的にはこれで問題ない」とか「テストした結果，うまくいくようだ」というだけでは，システムの実用には十分ではありません．「特定の条件下で予想される動作をする」という明確な根拠があれば，信頼性が確保されるといえるでしょう．このような信頼性を確立するためには，物理的性能やプロトコルの仕組みを理論的に検証することが不可欠です．

多くの読者が一度は目にしたことのある「理論値」として，ネットワークの転送速度が挙げられます．例として，光回線の「下り最大 1 Gbps」との表記や，IEEE

802.11ac（通称：Wi-Fi5）の最大転送速度が 6.9 Gbps という記述などがあります．これらの数値は，使用される周波数や符号化手法といった要因から導き出される理論上の最大値を示しています．しかしながら，実際にこの速度が実現されるわけではありません．実際の環境では，多数のユーザが同じ通信路を共用したり，電波の干渉やノイズが影響を及ぼすことが考えられます．インターネットでの速度評価を行う際，ほかのネットワーク部分が制限要因となる場合も頻繁にあります．最適な環境下であれば，理論値に近いデータ転送速度を達成することも考えられますが，現実の環境ではその限りではありません．結局のところ，影響を与える要因が多すぎるので，期待値などを出すことも難しく，やはり最大速度を示しておくのがベターなのだと思います．

　転送速度以外にも，遅延やパケットロス率などが評価指標として取り上げられることが多いです．法人向けサービスでは，SLA（Service Level Agreement）としてこれらの指標が定められることが一般的です．遅延に関しては，道路の渋滞に似た考え方で捉えられます．キューイング遅延を計算するうえでの代表的な方法として，待ち行列理論が存在します．この理論は，ショップのカウンターやコンピュータでのタスク処理など，多様な現象に適用可能な一般的手法として知られています．一方，パケットロスは多くの原因で発生するものの，FEC や ARQ といった手法を適用することで，一定の範囲で制御されることが期待されます．また，アルゴリズムの性能評価や暗号の安全性保証も，理論的な評価が基盤となっています．たとえば，計算量のオーダーを使用して実行時間の推定が行われたり，計算量に基づいて暗号の強度が評価されます．セキュリティ関連のプロトコルでは，手順の正確さによってその安全性が保証されることが一般的です．これらすべての背景には，理論的な評価が必要不可欠となっているのです．

　ただし，理論的な検証のアプローチには自ずと限界があります．大量のデバイスで構築される大規模ネットワークの全体像を，数学的に解析することは現実には難しいです．また，単一の無線リンクのパフォーマンスを評価する場面でさえ，デバイスの移動に伴う伝搬環境の変動など，理論的な検証が困難な状況が生じます．このような場合，シミュレーションが効果的な手段となります．シミュレーションとは，コンピュータ上でプログラムを構築し，模擬環境での計算や評価を実施する方法を指します．シミュレーションの利用により，容易にデバイス数を調整し，大規模ネットワークを模倣することが可能です．さらに，変数の調整により，多種多様なパラメタを用いた評価も行うことができます．

シミュレーションを活用すると，各フローのスループットやパケットの遅延，ロスの確認も容易になります．しかしながら，いい加減に実行しても何らかの結果が得られてしまうので，適切な結果かどうか検証が必要である，という点には注意が必要です．シミュレーションの結果を検証しないと，潜在的なエラーや問題を見落とすおそれがあります．例として，「バッファオーバーフローによるパケットロスは無し」という結果が出た場面を考えます．その際，ほかの要因を調査すると，実際には遅延が増加していて，バッファサイズが無限に設定されておりパケットが無尽蔵にストックされていた，といったケースもあり得ます．したがって，シミュレーションの結果を鵜呑みにするのではなく，その背後の動きをつねに確認し，理論的な検討も合わせて実施することが不可欠です．シミュレーションにも多様なツールや手法が存在し，何を重視するのか，計算コストやメモリ使用量，実行スピードを考慮し，目的に応じて実施することが重要です．リンク単体を詳細に検証する場合と，ネットワーク全体を模擬する場合では，アプローチが大きく異なることもあります．どの方法が最適かは，目的に応じて変わるため，一律の答えはありません．特定の設定や条件で良好な結果を得た場合でも，その条件が適切であるかの確認は欠かせません．新しいアルゴリズムのテスト中など，変わった条件下で予期しない挙動が生じることも考えられます．すべての状況を網羅する必要はありませんが，評価が偏っていないか，また対応すべきシチュエーションを捉えられているかを確認することが必須です．条件を変更することが容易なのは，シミュレーションの強みですので，しっかりとした検証が求められます．

　さらに，無線通信では実環境でどのくらい到達するか，といったことは最終的には実機で確認するしかありません．地形や建物の影響，周辺の電波環境など，いくらシミュレーションしてもしきれない部分はやはり存在します．このように，多様な評価手法があり，それぞれの手法を適切に選ぶことで，的確な評価を遂行することができます．「ネットワーク技術」と一口でいっても，数多くの構成要素や媒体，技術，プロトコルが存在します．多様な技術の中からその特性に合わせて適切なものを選び，設定を行うことが重要です．システムを検討するときに「つねにこの方法を用いれば完璧」という唯一の解のようなものは存在しません．技術の見方のベースとなるような，体系的な知識を身に着けておけば，技術の発展による変化に影響されにくく，容易にキャッチアップしていけるものと考えられます．

参考文献

[1] M. Wu, T.-J. Lu, F.-Y. Ling, J. Sun, and H.-Y. Du, "Research on the architecture of internet of things," in *2010 3rd international conference on advanced computer theory and engineering (ICACTE)*, vol. 5. IEEE, pp. V5-484, 2010

[2] O. Said and M. Masud, "Towards internet of things : Survey and future vision," *International Journal of Computer Networks*, vol. 5, no. 1, pp. 1-17, 2013.

[3] I.-T. Recommendation, "Y.2060 overview of the internet of things," June 2012.

[4] IETF, "QUIC : A udp-based multiplexed and secure transport," 2021. [Online]. Available: https://datatracker.ietf.org/doc/html/rfc9000

[5] O. Standard, "MQTT version 5.0," 2019. [Online]. Available: https://docs.oasis-open.org/mqtt/mqtt/v5.0/mqtt-v5.0.html

索　引

著者略歴

中山悠（なかやま・ゆう）

2006 年	東京大学 農学部緑地環境学専修 卒業
2008 年	東京大学大学院 新領域創成科学研究科自然環境学専攻修士課程 修了
2008 年	日本電信電話株式会社 入社
2018 年	東京大学大学院 情報理工学系研究科電子情報学専攻博士課程 修了
2018 年	青山学院大学 理工学部情報テクノロジー学科 助教
2019 年	東京農工大学 工学研究院 先端情報科学部門 准教授
2019 年	東京大学 空間情報科学研究センター 客員研究員（兼務）
2022 年	株式会社 Flyby 代表取締役（兼務）
	現在に至る
	博士（情報理工学）

よくわかる IoT データ転送技術

2024 年 5 月 21 日　第 1 版第 1 刷発行

著者　　　　中山悠

編集担当　　富井　晃（森北出版）
編集責任　　宮地亮介（森北出版）
組版　　　　コーヤマ
印刷　　　　ワコー
製本　　　　協栄製本

発行者　　　森北博巳
発行所　　　森北出版株式会社
　　　　　　〒102-0071　東京都千代田区富士見 1-4-11
　　　　　　03-3265-8342（営業・宣伝マネジメント部）
　　　　　　https://www.morikita.co.jp/